从烹饪菜鸟到厨艺达人
新手下厨房
第2季

无肉不欢

WUROU BUHUAN

DAYUDAROU DE
80ZHONG JIECHAN CHIFA

大鱼大肉的80种
解馋吃法

蜜糖 / 著

中国妇女出版社

**图书在版编目（CIP）数据**

无肉不欢：大鱼大肉的80种解馋吃法 / 蜜糖著. —
北京：中国妇女出版社，2015.8
ISBN 978 - 7 - 5127 - 1121 - 1

Ⅰ.①无… Ⅱ.①蜜… Ⅲ.①荤菜—菜谱 Ⅳ.
①TS972.125

中国版本图书馆CIP数据核字（2015）第133968号

**无肉不欢：大鱼大肉的80种解馋吃法**

作　　者：蜜　糖　著
责任编辑：魏　可
责任印制：王卫东
出版发行：中国妇女出版社
地　　址：北京东城区史家胡同甲24号　　　邮政编码：100010
电　　话：（010）65133160（发行部）　　65133161（邮购）
网　　址：www.womenbooks.com.cn
经　　销：各地新华书店
印　　刷：北京楠萍印刷有限公司
开　　本：170×240　1/16
印　　张：11.25
字　　数：160千字
版　　次：2015年8月第1版
印　　次：2015年8月第1次
书　　号：ISBN 978 - 7 - 5127 - 1121 - 1
定　　价：35.00元

# 目录
CONTENTS

## 001  大鱼大肉制作攻略

## 005  猪肉篇

## 牛肉篇

**077**

## 禽肉篇

**103**

# 143

羊肉篇

# 153

鱼肉篇

# 大鱼大肉的制作攻略

　　家常食物除了吃得安心之外，更重要的是可以传递亲人之间的爱。一个合格的巧主妇在学会做花样百变的美味之前，先要学会挑选好的食材，因为只有原材料合格，你的美味实验才算有个成功的起点！下面我们一起来学习挑选肉类和鱼类吧。

## 肉类及鱼类的挑选与保存

　　家庭常用的肉类包括畜类和禽类，肉类食物含有丰富的蛋白质、脂肪、矿物质和维生素，它们为人体提供了丰富的营养。

　　畜肉中以猪、牛、羊三种为主。猪肉纤维较细，富含脂肪，肉质美味；牛肉纤维较粗，有特殊的香味，高蛋白，低脂肪，符合现代人的健康生活理念；羊肉具有滋补功效，肉质细腻，带有膻味，制作的时候要适当去腥膻。

　　禽肉包括鸡肉、鸭肉和鹅肉，其中鸡肉较为常用。鸡肉质地细嫩，易于消化，含丰富的谷氨酸，味道鲜美；鸭肉质地较粗，有膻味，脂肪较多；鹅肉与鸭肉类似。

　　鱼肉肉质最为细嫩，营养价值很高，含有极丰富的蛋白质和矿物质，脂肪极少，因此营养价值超过畜、禽肉。

　　畜肉的挑选需要有一定的经验，可以通过观、摸、闻来判断肉类的新鲜程度：肉眼观察，新鲜的猪肉色泽红润、有光泽，猪肥膘肉色泽雪白，瘦肉则呈粉红色；牛肉颜色较深，呈暗红色；羊肉则呈赭红色。鲜肉的肉质紧致有弹性，不发黏，闻起来没有异味。

　　如果想吃得放心可以买现宰杀的禽肉，冰鲜的禽肉要肉质结实、有弹性、无异味。

　　鱼肉的新鲜度辨别从鳃、眼、鳞、肛门几处入手。

新鲜的鱼鳃鲜红干净；鱼眼稍凸，眼珠明亮清洁；鱼鳞完整，鱼身紧实有弹性，鱼鳞表面有黏液，无异味，略有腥气；肛门紧致，鱼腹完整无破损。从这几方面即可判断出鱼是否新鲜。

### 肉类和鱼类的保存

禽、畜肉可以用冰箱冷冻或冷藏保存，但是建议不要多买，因为冰冻时间长的肉口味欠佳，还是新鲜的好吃。

鱼最好现吃现买，因为鱼肉容易腐败，冷藏或冷冻后味道和口感会大打折扣。选鱼要新鲜，买来的鱼要及时制作，尽快食用。如果一次买的鱼多，要放冰箱储存的话，那么一定不要提前清洗，否则会失掉鲜味儿，做之前解冻后再处理即可。

## 调味料和配料的准备

### 家庭烹饪常用的调味料及香料

常用的调味料有：酱油、盐、醋、鱼露、鸡精、番茄酱、黄豆酱、糖、料酒、黄酒等。

常用的香料有：八角、花椒、胡椒、香叶、陈皮、五香粉、辣椒粉等。

菜肴添加上述常用的调味料和香料，经过调味后形成不同的口味，或鲜香、或酸甜、或辣、或咸。

### 调味的原则

出于健康角度考虑，新鲜的食材调味不宜过重，以免掩盖食材本身的味道。不新鲜的食材或腥膻味重的食材要酌情增加调味料的用量，以便去腥、增鲜，改善口感。当然还要根据制作的菜品来进行调味，以便达到色、香、味俱佳的境界。

### 家庭烹饪常用配料及搭配

烹饪过程中的配料是用来增香、去腥的原料，在粤菜中被称为料头，料头一般为有特殊香味的葱、姜、蒜、洋葱、香菜、青蒜等，这些配料虽然用量较少，但却不可缺少，不同的料头不仅可以给菜肴增加风味，还有美化、衬托菜品的功能。

### 家庭烹饪常用的配料组合

白灼类：姜片+葱段

蒸鱼类：姜片+葱段+姜丝+葱丝

糖醋类：蒜米+小葱段

炒菜类：姜片+葱花

椒盐类：葱米+蒜米+椒米

铁板类：小葱段+姜片+洋葱

## 鱼的加工原则

吃鱼很有讲究，不同的鱼要有不同的加工方法。一般来讲，新鲜的海鱼宜清蒸，这样才能品味食材的鲜美；淡水鱼土腥味较重，所以要有效去腥，并佐以重口味调料，这样的吃法也不失为一种美妙的体验！

鱼的种类多样，做法颇多，不同的鱼选用恰当的做法，既吃得美味又能保证营养被更好地摄入。

做鱼丸，宜选用刺少的海鱼。

红烧鱼，宜选用大、小黄花鱼，鳜鱼或鲤鱼。

糖醋鱼，宜选用鲤鱼。

清蒸鱼，宜选用新鲜的海鱼、鲥鱼、武昌鱼。

滑鱼片，宜选用刺少、肉厚又鲜美的黑鱼。

汆汤，宜选用鲫鱼，奶汤雪白，营养价值高。

## 禽、畜肉的加工方法

在饮食行业中，老一辈厨师总结的禽、畜肉切丝经验为"斜切猪、横切牛、顺切鸡"，这是根据原料的不同质地，科学操作的有效经验。在常用的畜禽食材中，猪、牛、鸡的质地明显不同，其中牛肉纤维组织最粗，鸡肉最嫩，而猪肉居中。牛肉只有断丝切才能保证做好的菜品嫩而且好咀嚼；鸡肉中没有筋络，顺丝切能保证菜品整齐美观；猪肉斜切则能保证不断、不老。

## 食材焯水的办法

食材焯水有两种方法：一种是冷水下锅，另一种是沸水下锅。

冷水下锅适合畜肉中腥气较重、血水较多的食材，食材和水同煮便于血污充分析出，焯好的食材还可以再次用清水冲洗干净，去除食材的血沫和异味。

沸水下锅适合绿色蔬菜、海鲜和血污、腥膻气较轻的禽类食材，焯后立即取出，免得食材老硬和营养成分被破坏。有的菜为了保证口感还要及时过凉水备用。

## 锅具和刀具的选择

欲善其事先利其器，要想做好菜，得要有顺手的工具，不好切的肉，油腻的锅，通常会影响干活儿的心情。

建议选用进口刀具，我比较喜欢德系的刀具，其特点是韧性足，刀刃锋利持久。

刀具的基本保养方法为：加工不同的食材选用的刀具

也不同，切和斩要严格分开，使用后注意清洗和擦拭干净，一定要选用木质砧板，因为竹制砧板会伤刀刃。

　　我是个爱锅的人，多年积累后厨房的锅具满满，但总是嫌不够。后来因为很多锅的使用频率大大降低，才慢慢趋于理性！

　　大爱铸铁珐琅锅，好的珐琅锅色彩靓丽，有质感，不仅是实用的工具，同时又是厨房的装饰品。珐琅锅要注意清洁才能保持长新，长时间加热后不要骤然用凉水冲洗，以便保护珐琅涂层。

　　耐用的平底不锈钢炒锅非常实用，清洁方便，能胜任厨房的多种工作。

　　炖煮和煲汤离不开砂锅，一口好的砂锅会给厨房工作带来轻松愉悦的感觉。

　　厨房新手在反复纠结怎样做食物才能不粘的时候，不妨买口质量放心的不粘锅，高品质的不粘锅会让新手在烹饪方面信心倍增。因为有涂层，所以不粘锅应该好好保养。及时清洁很重要，以免油渍难以去除，避免用钢丝球刷锅，这样会将涂层划伤难以修复。

 书中用到的调味料计量单位

固体调料：

1勺=15克

1小勺=5克

液态调料：

1勺=15毫升

1小勺=5毫升

炖制用调料：

1大勺=30克（30毫升）

注：调料添加的量属个人习惯，仅供参考。

猪肉篇

私房小酥肉

## 材料

主料：五花肉700克，盐适量，五香粉1小勺，生抽3勺，料酒1勺，鸡精少许
炸糊：鸡蛋1个，淀粉2大勺，啤酒适量，葱段和姜片共15克，八角1个，生抽2勺，料
酒1勺，鸡精少许，盐适量，香菜段、葱丝和姜丝各少许

## 步骤

1. 将五花肉切厚片备用。
2. 加入生抽、五香粉、盐、鸡精、料酒腌渍入味。
3. 将鸡蛋、淀粉、啤酒调和成浓稠合适的炸糊，将腌好的肉拌匀。
4. 倒入半锅油，烧至六七成熟，逐片下入挂糊的肉片，炸至变色、定型后捞出。
5. 将油温升高，至锅中没有响声后，放入肉片复炸一遍，至金黄色后捞出沥油备用。
6. 锅中留少许底油，下入葱段、姜片、八角爆香，烹入料酒和生抽。
7. 放入炸好的肉片，加入没过肉的开水。
8. 大火烧开后，小火焖至肉酥烂。
9. 撒葱丝、姜丝和香菜段，加入盐和鸡精调味即可。

 TIPS

1. 炸糊不必太稠，以裹上糊后肉片似露非露的状态为宜。
2. 小酥肉要焖至酥烂才香，亦可以搭配粉条同煮。

粉蒸排骨

## 材料

排骨500克，生抽2勺，黄酒1勺，五香粉1/2小勺，姜粉、蒜粉各1/2小勺，糖少许，鸡精少许，黄酱1勺，糯米90克，大米90克，八角2个，花椒10粒

## 步骤

1. 排骨冲洗干净，用清水浸泡去除血污。

2. 排骨沥干水，将生抽、黄酒、五香粉、姜粉、蒜粉、糖、鸡精和黄酱等调料放到料理盆中，将排骨腌渍30分钟入味。

3. 糯米和大米以1:1的比例混合倒入锅中，放入八角和花椒，用中小火不断搅拌，炒至微黄并有米香味飘出。

4. 炒好的米去掉八角和花椒，分批放入研磨器，开机磨两三秒钟即可。

5. 腌好的排骨沥净汁水，放到米粉中滚几下，使其均匀地裹满米粉。

6. 将裹好米粉的排骨放到电压力煲中，蒸30分钟左右即可。

 TIPS

1. 炒好的米粉表面微黄，微微开裂，米香味十足，一定要不断搅拌，方便米粒均匀受热。

2. 用研磨器磨米粉，开机两三秒钟即可，磨得过细会失掉口感，磨好的米粉呈小颗粒状最佳，一定别磨成粉末。

3. 用电压力煲蒸的排骨软糯，适合老人和孩子食用，如果希望有些嚼劲的话，直接上蒸锅蒸四五十分钟即可。

高升排骨

材料

排骨500克，盐适量，姜粉、蒜粉各适量，橄榄油1勺，老抽1/2勺，料酒1大勺，米醋2勺，糖3大勺，生抽4大勺

步骤

1. 排骨用清水浸泡，去除血水。

2. 泡好的排骨沥净水，加入盐和姜粉、蒜粉腌渍入味。

3. 锅中放入1勺橄榄油，滑锅，放入排骨煎。

4. 注意翻面，煎至两面微微金黄。

5. 从锅中拣出排骨，倒出多余油，将排骨重新放回锅中，一次加入料酒、米醋、糖、生抽、老抽调味，翻炒均匀，倒入开水5大勺。

6. 汤汁烧开后，转小火，将排骨焖制入味，汤汁收浓后关火即可。

TIPS

1. 煎排骨的油不要太多，因为排骨本身含油脂不少，煎好排骨后将多余的油倒出，免得过腻。

2. 加入的调味料和水以大汤勺为计量单位，烧开后转小火焖制以免糊锅。

香酥腩排

材料

腩排（肉和脆骨较多的肋排）400克，胡萝卜1/3根，洋葱1/3个，盐、糖各适量，鸡精少许，生抽1勺，料酒1勺，胡椒粉少许，淀粉2~3勺

步骤

1. 将腩排剁成拇指粗、6厘米~7厘米长的小块，用清水浸泡去除血水备用。

2. 将洋葱和胡萝卜加入适量水，用料理机打成菜泥。

3. 将盐、糖、鸡精、生抽、料酒、胡椒粉和菜泥放到腩排中，腌渍1小时入味。

4. 腌好的腩排沥净水，加入淀粉搅拌均匀。

5. 锅中倒入600毫升油，烧至五六成热时，放入腩排炸至微黄捞出沥油。

6. 将油温升高至七八成热时，回锅复炸，至腩排金黄焦香，捞出沥油即可。

TIPS

1. 腩排处理得小一些，容易腌渍入味同时易熟。
2. 加入菜泥增添了腩排的风味，用中油温炸熟，高油温炸成外焦里嫩，非常美味。

莲藕猪蹄汤

材料

猪蹄2只，莲藕半个，陈皮1块，红豆80克，大枣5~6个，黄酒1勺，醋1小勺，盐、香油各适量

步骤

1.猪蹄清洗干净，每个剁成4块，用清水浸泡，沥净备用。莲藕去皮，切滚刀块备用。

2.锅中放水，猪蹄凉水下锅烧开。

3.汆烫好的猪蹄清洗干净浮沫，备用。

4.将锅刷干净，重新放水，放入猪蹄、莲藕、红豆、大枣、陈皮，倒入黄酒和醋，大火烧开，撇净浮沫，转小火慢炖。

5.约2小时后，猪蹄软烂，加入盐和香油调味即可。

 TIPS

1.炖猪蹄可以在锅底放一个小竹箅子，以免煳锅底。

2.加入醋便于猪骨的钙质析出，汤上面的浮油及时撇净才不容易油腻。

干炸小丸子

🥛 材料

猪肉馅550克，盐适量，黄酒1勺，生抽2勺，老抽1/2勺，五香粉1/2小勺，香油1勺，葱姜水2~3勺，淀粉1勺，蛋清1个

🥄 步骤

1.猪肉馅加入盐、黄酒、生抽、老抽、五香粉、香油搅拌均匀。

2.蛋清加淀粉和匀，然后将葱姜水与和好的淀粉液倒入肉馅，搅拌均匀，摔打上劲儿。

3.提前用虎口挤成大小均匀的丸子，放到盘中。

4.锅中放600毫升油，至五六成热时放入丸子，炸至变色后捞出。

5.将油温升至七成热，投入丸子复炸至深红色。

6.沥油后，用厨房用纸将油脂吸净即可。

 TIPS

1.猪肉馅选肥四瘦六或肥三瘦七均可。

2.加老抽是为了上色，如果不喜欢丸子颜色深，可以不加。

3.用五六成油温将丸子炸熟，复炸一遍可以保证外焦里嫩。

梅菜扣肉

## 📏 材料

主料：带皮五花肉500克，葱段、姜片、蒜片各适量，料酒1勺，梅干菜120克

碗汁：生抽2勺，腐乳汁1勺，老抽1/2勺，糖2/3勺，水3勺，鸡精，水淀粉、油各适量

## 🥄 步骤

1. 梅干菜清洗干净后，用纯净水浸泡10~15分钟，攒干水分备用。

2. 五花肉清洗干净，凉水下锅，放入葱、姜片和料酒，烧开后煮约20分钟关火。

3. 将五花肉捞出后拭干，趁着温热，在表皮均匀地抹上老抽着色。

4. 锅中放油，将五花肉皮朝下，煎至上色。

5. 将肉取出，稍微凉凉后切成0.5厘米~0.6厘米的肉片。

6. 将肉片皮朝下码放到大碗里。

7. 锅中倒油，放入姜片、蒜片煸香，倒入处理好的梅干菜，煸炒出香味。

8. 将碗汁材料混合搅拌均匀，倒入炒好的梅干菜中，将梅干菜稍微煨至入味，关火。

9. 炒好的梅干菜盖到五花肉上。

10. 上屉，蒸约90分钟。

11. 肉和梅干菜蒸好后将汤汁滗出，取合适的容器将梅干菜和五花肉倒扣过来。

12. 将汤汁勾芡后，再次浇淋到五花肉上即可。

## 📖 TIPS

1. 梅干菜加入姜、蒜煸炒后倒入汤汁，煨制后味道会更好。

2. 五花肉通常都是炸的，可以改用煎的方式，这样不但省油，还可避免油腻。一定要注意防溅，肉入锅后，赶紧盖上盖子，时不时用铲子压一下，这样受热面才能均匀。

锅包肉

## 材料

主料：里脊肉500克，胡椒粉少许，盐适量，料酒1勺，蛋清1个

炸糊：酥浆粉50克，色拉油3克

料汁：白醋1大勺，糖1大勺，番茄酱1大勺，盐适量，水淀粉2勺~3勺，葱丝、姜丝共10克，胡萝卜丝5克，香菜段适量

## 步骤

1.里脊肉切片，清洗干净后沥净水，加入胡椒粉、盐、料酒和蛋清，抓匀后腌渍15~20分钟入味。

2.准备炸糊，酥浆粉中徐徐倒入水，不断搅拌，直至调好的糊用手捞起后呈线状滴下，加入色拉油。

3.锅中倒入600毫升油，当油温烧至六成热时，将腌好的里脊肉片裹上炸糊，放到锅中炸至定型，捞出沥油。

4.将油温升高，至七八成热时，将炸好的里脊肉投入锅中复炸一遍，至金红色，捞出沥油。

5.锅中加入少许油，放入白醋、糖、番茄酱和水，加入盐调味，烧至冒泡后，加入水淀粉，将料汁烧开至浓稠。

6.放入炸好的里脊肉，放入葱丝、姜丝和胡萝卜丝，翻炒均匀，使料汁均匀裹满肉片，装盘，点缀香菜段即可。

TIPS

1.调炸糊时记得水要慢慢加，直至调和到浓稠合适为止。

2.料汁的比例很好记，白醋、糖和番茄酱1:1:1，加入水调和浓稠度，加入盐调味，加入水淀粉收汁。料汁根据里脊肉的量自己调整即可。

3.酥浆粉在超市有售，或用玉米淀粉代替。

干炸里脊

## 材料

里脊肉400克，葱段和姜片各15克，料酒1勺，生抽2勺，五香粉1/2小勺，盐适量，香油1/2勺，淀粉40克，椒盐适量

## 步骤

1. 里脊肉清洗干净，切大小合适的滚刀块。

2. 加入葱段、姜片、料酒、生抽、五香粉、盐和香油。

3. 抓拌均匀，腌渍半小时入味。

4. 倒入淀粉。

5. 徐徐加入少量的水，抓拌均匀，使淀粉均匀地裹满里脊肉。

6. 锅中放500毫升油，烧至六成热，放入里脊肉。

7. 炸至金黄色，捞出沥油即可，配椒盐食用。

 TIPS

1. 里脊肉切滚刀块更容易锁住水分，外焦里嫩，切条则口感上更干一些。

2. 放入淀粉的水一定要少倒，以免淀粉糊过稀，裹了淀粉的肉要似露非露才好，太稀、太稠都不理想。

# 普洱红烧肉

材料

五花肉400克，葱段和姜片共20克，糖20克，生抽2勺，料酒2勺，八角1个，桂皮5克，普洱茶汤、盐各适量

 步骤

1. 五花肉切块。

2. 锅中放水，将肉块冷水下锅，放入一半的葱段、姜片，加入1勺料酒，将锅烧开，五花肉焯烫变色。

3. 五花肉捞出后用凉水冲洗干净，沥净水备用。

4. 锅中放少许油滑锅，放入五花肉，煸至油脂析出，五花肉呈半透明状，将肉盛出，将锅中的油倒出来，锅子刷干净。

5. 锅中放入糖和水40毫升。

6. 将锅烧开，转小火，熬制糖色，直至糖稀由大泡变成小泡，呈红棕色即可。

7. 倒入处理好的五花肉，翻炒均匀，烹入料酒和生抽，加入剩下的葱段、姜片，放入八角和桂皮。

8. 加入提前泡好的普洱茶汤，使其没过五花肉。

9. 大火烧开，转小火慢炖至肉酥烂，出锅前半小时加适量盐调味，将汤汁收浓即可。

 TIPS

1. 焯烫五花肉可以去异味，将油脂煸出可以使肉香而不腻。

2. 普洱茶汤炖肉可以解腻增香，根据肉块大小调整炖制的时间即可。

古法香猪手

## 材料

主料：猪前蹄2只，卤肉料包1个，生抽50毫升，老抽1勺，料酒1勺，蚝油1勺，葱段、姜片各适量，葱头2个，黄豆酱1大勺

蘸料：味极鲜4勺，香醋2勺，鸡精少许，糖少许，香油数滴，辣椒油1勺、蒜末1勺

## 步骤

1.猪前蹄浸泡后洗净备用。

2.猪前蹄冷水下锅，倒入料酒1勺，放入适量葱段、姜片、开火。

3.煮开后，将猪前蹄捞出，用清水冲洗干净浮沫。

4.深锅中加入卤肉料包、生抽、老抽、蚝油，加入姜片、黄豆酱和葱头，大火烧开后转小火炖煮约2小时。

5.取出凉凉，小心剔骨。

6.油纸垫底，用寿司帘卷成筒状，冷却定型后切片，蘸调料食用即可。

## TIPS

1.卤肉料包包含八角、小茴香、香叶、桂皮、肉蔻、白豆蔻、白芷、丁香、草果、花椒等。

2.猪蹄煮好后好去骨，卷起来可能稍微麻烦些，但是食用方便，记得凉透了定型后再切，更容易操作。

# 私房卤肉饭

🥛 材料

五花肉500克，鹌鹑蛋10个，红葱头3个，生抽2勺，老抽1勺，米酒1勺，冰糖15克，五香粉1克，盐适量

🥄 步骤

1. 将冻好的五花肉稍微解冻至能下刀，切小长条备用。

2. 锅中倒入600毫升油，烧至六七成热，倒入五花肉，炸至发黄。

3. 将五花肉沥油备用。

4. 锅中留少许底油，将切丁的红葱头放入爆香。

5. 倒入五花肉翻炒。

6. 加入生抽、老抽、米酒、冰糖、五香粉，翻炒入味。

7. 倒入水没过五花肉，大火烧开，转小火焖制，加入适量盐调味，放入煮好的鹌鹑蛋，待卤制上色，肉丁酥烂后盛出即可。

8. 将煮好的卤肉浇在米饭上，香喷喷的卤肉饭就做好了。

📖 TIPS

1. 将肉冷冻至硬，可以将肉切得整齐美观。

2. 将五花肉提前炸制，这样是为了将油脂逼出来，烧好的肉香而不腻。

3. 红葱头是小洋葱，香气浓郁，做卤肉饭不可或缺，如果没有的话，可用洋葱代替。

尖椒拆骨肉

## 材料

脊骨400克，料酒1勺，八角1个，花椒10粒，青尖椒1根，红尖椒1/3根，葱段、姜片各25克，生抽1勺，鸡精，盐、香油各适量，油1勺

## 步骤

1. 将脊骨洗净后用清水浸泡，去除血水，冷水下锅，煮沸。

2. 将焯好的脊骨捞出，用清水冲洗干净浮沫。

3. 重新放入锅中，添水后加入葱段和姜片各15克、料酒、八角和花椒，大火烧开后转小火慢炖约30分钟。

4. 准备好葱段、姜片各10克，尖椒斜切椒圈备用。

5. 炖好的脊骨捞出，稍微凉凉后将肉用手撕下来。

6. 锅中放油烧热，放入葱段、姜片煸香。

7. 倒入拆骨肉，煸炒。

8. 烹入料酒、生抽，翻炒均匀。

9. 放入尖椒，翻炒均匀。

10. 加入盐、鸡精、香油调味，炒匀即可。

## TIPS

1. 脊骨煮的时间不宜过长，否则太烂的话，再炒拆骨肉容易碎，有点儿嚼劲最好吃。

2. 尖椒放入后不用炒太长时间，保持脆爽口感最佳。

酱大骨

材料

猪腿骨1300克，葱3段，姜3~5片，老卤汤500毫升，醋1勺，料酒半大勺，生抽1大勺，黄豆酱半大勺，卤料包1个，盐适量

步骤

1.猪腿骨清洗干净，用清水浸泡半天，中间换2~3次水，直至泡净血水。

2.锅中放水，将猪腿骨冷水下锅，煮沸后关火，把猪腿骨取出，用清水冲洗干净。

3.猪腿骨放入电压力锅中，加入葱段、姜片和老卤汤。

4.倒入盐、醋、料酒、生抽、黄豆酱、卤料包，锅中倒入没过骨头的水，用电饭锅万能炖模式，炖至软烂入味即可。

 TIPS

1.老卤汤就是每次卤制食物后保留下的汤汁，将汤汁滗净杂物，自然凉凉，撇净油沫，倒入密封袋，放入冰箱冷冻，用之前自然解冻即可。老卤汤会为食物增添浓郁的风味，但下一次卤制时只有老卤汤也是不行的，还要添加调味料和香料补充滋味才行。没有老卤汤的话也可不用。

2.猪腿骨的血沫较多，提前浸泡和焯水可以更好地去除血沫。

3.加入醋，可以促使骨头的钙质充分析出。

叉烧肉

材料

猪颈肉500克，叉烧酱3勺，糖2/3勺，蜂蜜1勺，生抽1勺，老抽1/2勺，黄酒1勺，蒜粉2小勺

步骤

1.猪颈肉清洗干净，用清水浸泡去除血水，沥净备用。

2.将猪颈肉一分为二，把所有调料和猪颈肉放到一起。

3.将猪颈肉和调料充分抓匀，腌渍12小时。

4.烤箱预热200℃，将腌好的猪颈肉放到烤架上，置于烤箱中层，烤约20分钟。

5.将猪颈肉刷上腌料，再次入烤箱烤约20分钟即可。

TIPS

1.猪颈肉分成两块可以更好地腌渍入味，亦可以分成几小块腌渍。
2.刷腌料可以更好地上色，根据情况可以多刷两遍。烤制的时候注意观察上色，以免焦煳。

琉璃肉

材料

猪肥膘肉300克，鸡蛋2个，干淀粉30克，绵白糖约150克

步骤

1. 将猪肥膘肉切成长条备用。

2. 鸡蛋打散。

3. 将肉条裹上鸡蛋糊。

4. 均匀地蘸上干淀粉。

5. 锅中倒入600毫升油，烧至七成热，将肉条放入，炸成金黄色，捞出沥油备用。

6. 锅里留底油，放入绵白糖，用铲子不断搅拌将白糖炒化，接近琥珀色的时候放入炸好的肉条。

7. 将肉条均匀地裹满糖汁后盛出，放到提前准备好的刷了油的烤盘上，用筷子将肉条拨开至根根分离即可。

TIPS

1. 肥肉要炸熟、炸透才能香而不腻。

2. 不要拔丝效果，所以裹糖后及时将肉段分离，冷却后就是裹满糖衣的琉璃肉了。

猪肉大葱拇指包

##  材料

馅料：五花肉馅500克，大葱2根，盐适量，味极鲜酱油2勺，五香粉3克，鸡精1/2小勺，香油1小勺，熟花生油2勺，姜末少许，料酒1/2勺

面皮：面粉500克，水260克，酵母5克，芝麻和小香葱各少许

## 步骤

1. 将面和好放置温暖处，饧发至2倍大小。

2. 将五花肉馅加入味极鲜酱油、五香粉、料酒、鸡精、香油和姜末，腌渍入味。

3. 加入适量清水调节馅料的稠度，记得少量多次，至水完全被吸收，将大葱切葱花，放入肉馅中，加入熟花生油，拌匀，包包子之前加入适量盐调味。

4. 饧发好的面团搓成长条，切剂子，擀成中间厚四周薄的小包子皮，包包子。

5. 将包子放入屉中，小火慢慢加热，至锅盖也热了后开大火，冒汽后蒸6~8分钟，关火，焖2~3分钟后开锅盖。

6. 平底锅中抹少许油，将包子放到其中，小火煎至底部香脆，撒小香葱和芝麻点缀即可。

## TIPS

1. 加水的过程是保证汤汁鲜美的关键，加好水的馅料包包子之前可以放到冰箱冷藏室，防止搅拌不够导致馅料出水。包包子之前再加盐调味最好。

2. 先期的小火加热是发酵的过程，等水温热了再开大火正式开始蒸包子。小包子蒸8分钟就熟了，大包子再多蒸5分钟，闻到包子味儿后关火。记得不要立即开锅盖，2~3分钟后再掀锅盖，否则包子容易瘪塌。

回锅肉

 材料

五花肉300克，青蒜2根，葱2段，姜3片，花椒十余粒，八角1个，郫县豆瓣20克，甜面酱1勺，料酒1/2勺，糖和油各少许

步骤

① 1. 将五花肉清洗干净，冷水下锅，将姜片、葱段、花椒、八角一同放入锅中，大火烧开后，转小火煮约20分钟。

② 2. 煮好的五花肉放入冷水中拔凉，备用。

③ 3. 将五花肉切片。

④ 4. 将青蒜斜切成段，郫县豆瓣斩碎备用。

⑤ 5. 锅烧热，放入少许油，放入五花肉片，煸出油脂。

⑥ 6. 放入郫县豆瓣炒出红油，加入甜面酱、料酒和糖，同五花肉片混合翻炒均匀。

⑦ 7. 加入青蒜，翻炒数下，至青蒜稍微回软，即可关火。

 TIPS

1. 五花肉片要煸出油脂，才能香而不腻。
2. 青蒜炒的时间不要过长，否则口感和卖相不佳。

孜然牙签肉

材料

里脊肉300克，生抽2勺，料酒1勺，五香粉1克，花椒粉3克，孜然粉2克，糖少许，红葱头2个，水淀粉2勺，孜然粒1勺，盐少许，辣椒碎、白芝麻各适量

步骤

1. 里脊肉清洗干净，用纯净水浸泡去除血水。

2. 将里脊肉切成约4毫米厚的肉片，加入生抽、料酒、五香粉、花椒粉、孜然粉、糖、切开的红葱头和水淀粉抓匀，腌渍20分钟入味。

3. 腌好的里脊肉片串到牙签上。

4. 锅烧热，加入平时炒菜用的2倍的油，放入腌好的肉串，迅速滑散，至肉串变色。

5. 将肉串盛出。

6. 锅中留少许底油，重新放入滑熟的肉串和腌肉用的红葱头，翻炒煸干水分。

7. 撒上孜然粒、辣椒碎、熟白芝麻和少许盐，炒匀即可。

 TIPS

1. 里脊肉要充分腌渍入味才好吃。

2. 腌和煸水分的过程都加红葱头，其香味浓郁，可使肉串更有滋味。

3. 腌渍的时候加孜然粉，煸炒的时候加孜然粒，可使肉串孜然风味十足。

4. 肉串滑油比油炸更健康。

四喜丸子

## 材料

五花肉500克，荸荠碎50克，盐适量，生抽2勺，胡椒粉1克，五香粉1克，料酒1勺，鸡精1小勺，香油1小勺，水淀粉3勺，鸡蛋1个，蛋清1个，葱、姜末共30克，八角1个，葱3~5段，姜3片，老抽1/2勺，花椒油2克

## 步骤

1. 五花肉切小粒，稍微剁一下，至肉粒粘连。

2. 加入葱、姜末和荸荠碎。

3. 加入盐、生抽、胡椒粉、五香粉、料酒、鸡精、香油、1勺水淀粉、蛋清调味，并顺着一个方向搅拌均匀。

4. 将肉馅平分成4份，团成大丸子，双手来回摔打，至丸子光滑均匀。鸡蛋1个打散，加入2勺水淀粉和适量盐，调成蛋粉糊备用。

5. 将丸子裹上蛋粉糊，放入烧至五成热的油锅中炸至八成熟。

6. 底下垫上葱段，将炸好的丸子放到砂锅中，加入清汤，放入盐、老抽上色，放入姜片和八角，中火炖约30分钟。

7. 炖好的丸子捞出备用。

8. 将炖丸子的原汤滗净，另起一锅，倒入原汤，淋入花椒油，快开时加入水淀粉，烧至汤汁浓稠关火。

9. 将烧好的汤汁淋到丸子上即可。

 TIPS

1. 蛋粉糊是挂在丸子表面的，容易上色，并且保证丸子光滑还不散。

2. 勾芡的水淀粉不要太稠，提前淋入的花椒油不仅可以增添风味，同时还能使芡汁有光泽。

清炖狮子头

材料

五花肉500克，荸荠50克，葱末、姜末共30克，料酒1勺，盐、胡椒粉、鸡精各适量，水淀粉2勺，白菜叶4片，枸杞10粒，小油菜6~8棵，香油数滴

 步骤

1.准备好肥四瘦六的五花肉，清洗干净，沥净水。

2.将五花肉切成石榴粒大小。

3.将肉粒稍微剁一下，至肉有粘连。

4.荸荠去皮，切小粒，放入肉馅中，同时加入葱末、姜末、盐、胡椒粉、料酒和鸡精调味。

5.160克清水分数次加入肉馅中，每次加少量，用手顺时针不断搅拌摔打，直至水完全被吸收后，再次加入。将所有的水加入肉馅后，加入2勺水淀粉，搅打均匀。

6.砂锅中放凉水，将肉馅分成四等份，取一份用双手团圆，双手来回倒十几下，轻轻将丸子下凉水锅。

7.将锅烧开，撇净浮沫，转小火。

8.将白菜叶盖到丸子上，半掩锅盖炖3小时。

9.炖好后去掉白菜叶，放入小油菜和枸杞，加盐、鸡精和香油调味后关火即可。

TIPS

1.肉馅加水要有耐心，这个过程要10多分钟，一定要少量多次徐徐添加，水完全加入后，加入水淀粉，搅拌摔打至肉馅有黏性，肉馅就处理好了。

2.炖狮子头加盖白菜叶是为了防止漏气，同时可以使狮子头完全浸入汤汁中炖煮，根据狮子头的大小适当调整炖煮的时间，炖好的狮子头入口即化，鲜香异常。

肉夹馍

材料

卤肉：五花肉500克，老卤汤1碗，卤肉料包1个，葱和姜共15克，生抽140克，糖适量，老抽35克，料酒40克，盐适量

面饼：面粉600克，水约300克，酵母6克，食用碱3克

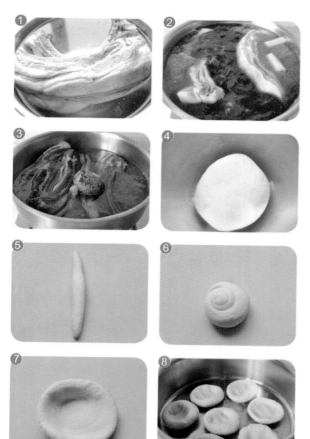

 步骤

1. 将带皮、带骨的五花肉用清水浸泡半日，中途换水，去除血污。
2. 锅中放水，加入老卤汤、卤肉料包、葱、姜、生抽、老抽、糖、料酒，放入泡好的五花肉。
3. 大火烧开，撇净浮沫，转小火慢炖，肉炖得差不多了放盐调味，直至肉酥烂。
4. 和好面，比馒头面要硬一些，饧约10分钟，和好后用擀面杖不断擀压，面很快就会滋润光滑。
5. 面揪成60克左右的剂子，搓成长纺锤形。
6. 用擀面杖擀开后，从一头卷起，尾部收到底下，压扁。
7. 用擀面杖擀开。
8. 平底锅烧热，转小火，不放油直接烙饼，一面金黄后翻面烙另一边。
9. 烙好的馍切开后夹上切碎的肉即可。

TIPS

1. 做肉夹馍最香的肉是带皮、带骨的五花肉，将骨头同煮还可以增加钙质，可以点少许醋，有利于钙质析出。

2. 老卤汤是滋味的关键，将上次的卤肉汤烧至滚开，自然凉凉后撇去表面的浮油，放入冰箱冷冻。用的时候解冻，加入新汤中，滋味自然不俗，当然，还要续添调味料和香料。

3. 做的馍是半发面，也就是不必完全发酵，添加适量的碱面可以使馍更香。

韩式烤五花肉

材料

五花肉400克，胡椒粉1克，葱段15克，蒜片15克，新松辣酱1勺，韩国大酱1勺，生抽1勺，蜂蜜1勺

 步骤

1. 准备好五花肉切片。

2. 将葱段、蒜片放入五花肉片中，撒上胡椒粉。

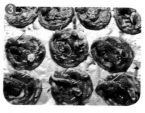

3. 五花肉片用牙签别住，新松辣酱、韩国大酱、生抽、蜂蜜和2勺清水混合成酱汁，均匀地涂抹到五花肉上腌渍1小时入味。

4. 烤箱预热200℃，烤架置于中上层，将五花肉烤8~10分钟。

5. 五花肉翻面，再次涂抹酱汁，置于中层，烤约5分钟。

 TIPS

1. 酱汁稠厚应加水调和。抹上酱汁的五花肉比较容易上色，注意观察烤箱，别烤焦，靠近里边的肉比外边熟得快，中途可以将烤架对调一下。

2. 开始将烤架置于中上层，高温将五花肉的油脂逼出来，烤好后翻面换中层，烤至焦香即可，肉烤干一些更香。

3. 新松辣酱和韩国大酱在大型进口商品超市一般都有售，或在网上找信赖的商家购买即可。

水晶皮冻

## 材料

主料：猪皮800克，葱3段，姜3~5片，八角1个，桂皮1块，香叶3片，盐适量
蘸料：味极鲜2勺，香醋2勺，香油1小勺，大蒜2~3瓣

## 步骤

1. 猪皮放入清水浸泡半天，搓洗干净备用。

2. 洗好的猪皮凉水下汤锅，水开后再多煮8~10分钟，捞出猪皮，投入清水再次冲洗干净。

3. 将猪皮内侧的脂肪反复多次用刀刃刮干净，将猪皮切成细条。

4. 猪皮放入汤锅，加入3倍的开水，放入葱段、姜片、八角、香叶、桂皮，大火烧开，转小火慢炖，40分钟后加入盐调味同时取出桂皮，将汤汁烧至浓稠关火。

5. 煮好的猪皮汤拣净葱段、姜片和香料后倒入保鲜盒，自然冷却。

6. 待凝固成冻状，用牙签沿着保鲜盒和皮冻之间的缝隙划一圈，将保鲜盒倒扣脱模，将皮冻切成块状。

7. 味极鲜、香油、香醋混合，用压蒜器将大蒜压碎，同调味料混合，浇到皮冻上即可。

 TIPS

1. 猪皮要清洗干净，刮干净油脂，这样做出来的皮冻才会清澈。
2. 注意水和猪皮的比例，水不要过多，否则皮冻难成型。

自制午餐肉

## 材料

猪肉馅500克，盐适量，姜粉少许，五香粉、花椒粉各1小勺，葱末15克，料酒1勺，淀粉100克，蛋清1个

### 步骤

1.将肉馅再次充分剁碎。

2.剁好的肉馅中撒适量的盐。

3.戴上一次性手套，肉馅中加入剁碎的葱末、姜粉、五香粉、花椒粉、料酒，充分搅拌均匀，将调味的肉馅搅打上劲儿。

4.淀粉中磕入蛋清，搅拌均匀，徐徐加入适量的水，和成呈直线滴下的淀粉糊。

5.将淀粉糊加入调味的肉馅中，搅拌并摔打几十下，至肉馅细腻有黏性为止。

6.准备好容器，底部和四周抹油。

7.将肉馅填到容器中，按压平整，排净空气。

8.加盖保鲜膜，水开后上屉，旺火蒸15~20分钟。

9.蒸好的午餐肉倒扣脱模，切片即可食用。

### TIPS

1.猪肉馅最好是瘦多肥少，否则会油腻。

2.调味可以根据自己的口味添加蚝油、鸡精之类提鲜，最主要的还是通过加入盐、料酒、五香粉、花椒粉、葱末、姜粉给肉馅去腥。

3.淀粉和肉的比例1:5比较合适，蒸好的午餐肉不柴不散，当然，为了保证午餐肉成形，反复摔打上劲儿是十分必要的。

妈妈卤猪手

材料

猪蹄2只，鲜味酱油140毫升，黄酒50毫升，老抽35毫升，卤肉料包1个，老卤汤500毫升，盐适量，葱段、姜片共20克，香菜1棵

步骤

1.猪蹄洗净后切块，用清水浸泡，去除血水，中间换2次水。

2.猪蹄冷水下锅，煮开，捞出猪蹄后再次用水清洗干净浮沫。

3.汤锅底部垫上竹箅子，放入猪蹄。

4.加入鲜味酱油、黄酒、老抽、卤肉料包、老卤汤、葱段、姜片和香菜，添入水。

5.大火烧开后，转微火，慢炖至猪蹄酥烂，关火前半小时加入适量盐。

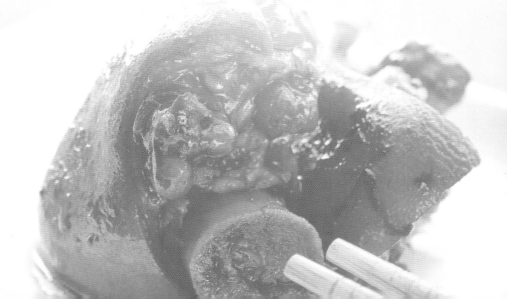

# 香辣肥肠

材料

猪肉丝260克、 料酒1勺、盐少许、淀粉2/3勺、香菜2棵、干红辣椒丝30克、姜丝10克、盐适量、生抽1勺、鸡精1/4小勺、香油1小勺、油1.5勺

🥄 步骤

1.猪大肠清洗干净，锅中放水，加入葱段、姜片和料酒煮至熟烂。
2.猪大肠清洗干净后切小段，拭干水分。
3.锅内放600毫升油烧热，至六七成油温时放入猪大肠，炸至外皮金黄，捞出沥油备用。
4.锅中加入少许油，煸香葱段、姜片、蒜片。
5.放入猪大肠。
6.烹入料酒、生抽、老抽，加入糖。
7.加入适量的水，将猪大肠煨至入味，汤汁收浓，加入盐调味。
8.将青、红椒放入，翻炒出香味后关火，装盘即可。

 TIPS

1.煮猪大肠的时间控制好，要什么样的口感自行调节，想吃得软烂可以借用高压锅。
2.猪大肠炸之前一定要拭干水分，防止油迸溅。
3.为了保持色泽，青、红椒放得晚些，喜欢吃辣的话可以用干红辣椒提前爆锅。

珍珠丸子

## 材料

猪肉糜300克，糯米100克，葱、姜末、胡椒粉、盐各适量，生抽2勺，料酒1勺，鸡精少许，蛋清1/2个

## 步骤

1. 糯米洗净后加入纯净水浸泡一夜。

2. 猪肉糜加入葱、姜末和所有调料腌渍。

3. 将肉糜搅拌摔打上劲儿。

4. 将肉糜平分成五六份，分别团成肉圆，泡好的糯米沥水，裹满肉圆。

5. 锅中水烧开，将制好的糯米肉圆上屉。

6. 隔水蒸15分钟即可。

 TIPS

1. 选用长粒的糯米会比较美观。
2. 如想保持珍珠丸子的洁白，可减少酱油的量，用盐代替调味。

香辣肉丝

材料

猪肉丝260克、 料酒1勺、盐少许、淀粉2\3勺、香菜2棵、干红辣椒丝30克、姜丝10克、盐适量、生抽1勺、料酒1勺、鸡精1\4小勺、香油1小勺、油1.5勺

步骤

1.准备好猪肉丝，加入料酒、盐、淀粉抓匀后腌渍入味。

2.将香菜择去叶子，去掉根部，洗净、切段备用，姜切丝备用。

3.锅烧热，放入油，烧至五六成热，放入干红辣椒丝。

4.转小火，煸出香味后将干红辣椒丝盛出。

5.将猪肉丝放入锅中，煸炒至变色。

6.放入姜丝和提前煸好的干红辣椒丝，烹入料酒，加入生抽，翻炒均匀。

7.放入香菜段，翻炒后加入盐和鸡精炒匀关火，淋入香油即可。

TIPS

1.煸干红辣椒时注意转小火，不要煸煳了。

2.香菜段加入后要急火快炒，时间不要过长，调味后关火，以免香菜段软塌，影响口感和卖相。

流亭猪蹄

## 材料

主料：猪前蹄2只，香料包1个，生抽60毫升，冰糖1勺，老抽20毫升，料酒1勺，盐适量，葱段、姜片共20克，香菜1棵

蘸料：蒜泥适量

## 步骤

1. 将猪前蹄清洗干净、切块，冷水下锅，煮开。
2. 用流水冲洗干净。
3. 准备好砂锅，底下垫一块清洗干净的箅子。
4. 放上猪前蹄，将香料包投入锅中。
5. 加入冰糖、盐、料酒、生抽和老抽。
6. 砂锅中添水，放入葱段和姜片，将香菜洗净保留粗根，整棵系起来投入锅中，小火炖煮1~1.5小时。
7. 煮好的猪前蹄捞出。
8. 将汤中杂物滗净，加入卤汤将猪前蹄没过，自然冷却后，放入冰箱，凝固成冻后，用小勺将表面的猪油刮干净，切块装盘可蘸蒜泥食用。

 TIPS

1. 香料包可以到超市买现成的复合料包，这样比较方便。
2. 锅底垫竹箅子是为了防止煳底，炖猪蹄要全程小火，保持汤不沸。根据自己的口味，想有点嚼头儿的话，可适当缩短时间。
3. 此菜也可被称为猪蹄冻，汤的调味根据自家口味来调整就好。
4. 冷却后刮去猪油很方便，半点油星都可以不沾，绝对好吃无负担。

辣白菜炒五花肉

**材料**

五花肉180克，辣白菜260克，葱片10克，盐适量，胡椒粉少许，料酒1勺，牛肉粉1/2小勺，香葱段少许

**步骤**

1. 五花肉切长方形片，加入盐、胡椒粉、料酒腌渍15分钟入味。

2. 辣白菜取白菜帮，切成和五花肉差不多大小的段备用。

3. 锅中放入1/2勺油，将腌好的五花肉片平铺到锅中煎制。

4. 煎至五花肉半透明，油脂析出为止，将五花肉盛出，多余油脂倒出。

5. 锅中留少许底油，放入葱片，倒入煸好的五花肉，翻炒。

6. 加入辣白菜，放入牛肉粉翻炒。

7. 倒入辣白菜的汤汁，翻炒片刻，烧开后加入香葱段关火即可。

**TIPS**

1. 五花肉提前煸炒出油，可以使五花肉香而不腻，而且食用起来更健康。

2. 辣白菜翻炒的时候加入牛肉粉，转小火，以免煳锅。牛肉粉是一种调味料，超市有售，辣白菜和腌好的五花肉都有咸味，因而不用额外加盐。

3. 辣白菜的汤汁是菜好吃的关键，一定要保留。

熏龙骨

材料

脊骨1000克，卤排骨料包1个，酱油2大勺，老抽1/2大勺，料酒1大勺，葱和姜各15克，白糖
100克，盐、香油各适量

步骤

1.脊骨清洗干净后，用清
水浸泡去除血水。

2.将泡好的脊骨放入锅中，
加入清水，放入卤排骨料
包，加入酱油、老抽、料
酒、葱、姜和盐，大火烧
开后，撇净浮沫，转小火
慢炖1小时。

3.卤好的脊骨捞出来沥净
汤汁。

4.取旧锅一口，底下垫上
锡纸，将白糖铺在锡纸上
面，开火，至白糖冒烟。

5.将脊骨放到箅子上，置
于锅中，盖锅盖，熏2~3
分钟，关火，取出脊骨。

6.趁热刷上香油，静置约
10分钟，烟熏味稍散后，
用手掰成小块即可享用。

TIPS

1.脊骨是先卤后熏，所以提前卤制要调好味儿。

2.最好选用废弃的旧锅，以免锅底难以清洗。白糖冒烟后将脊骨上屉，熏的时间2~3分
钟，不要时间太长，否则熏过头会发苦。一旦脊骨熏过头的话，可用卤汤再次回锅煮一下，可
以减轻苦涩，尽量将熏制的时间控制在最佳时段。

3.熏好的脊骨应稍微等烟味消散再食用。

# 猪肉大虾锅贴

## 材料

面皮：面粉500克，80℃左右的热水125克，凉水125克

馅料：猪肉馅350克，韭菜1把，大虾10只，鸡蛋2~3个

腌猪肉馅料：十三香1/2小勺，生抽3勺，鸡精1/4小勺，葱、姜末各适量

腌虾料：料酒1勺，盐适量　　　处理韭菜料：橄榄油（色拉油）3勺，香油1勺

## 步骤

1. 面粉中先倒入热水，用筷子将面和成雪花状。

2. 加入冷水揉成光滑面团，加盖保鲜膜饧15分钟。

3. 将肉馅用调料腌渍入味，加入适量水，以免肉馅过干，搅拌均匀备用。

4. 大虾去虾线和头壳，切成粒，用盐和料酒腌渍入味。炒好鸡蛋，将处理好的虾、鸡蛋与肉混合，搅拌均匀。

5. 韭菜洗净、沥干，去掉根部，切末后用橄榄油和香油裹匀。

6. 包锅贴之前将韭菜同肉馅混合，搅拌均匀，加盐调味。

7. 饧好的面搓成长条，切剂子，擀成饺子皮大小，注意厚薄一致，比饺子皮稍长一点，呈椭圆形，包入馅料，中间捏起来。

8. 电饼铛烧热，底部抹油，放入锅贴，用锅贴档加热，盖上锅盖，至底部煎硬，锅贴皮呈半透明状后，加入半茶碗水，再次盖上锅盖，用水蒸气将锅贴蒸熟。

9. 水干后，淋入少许油，将底煎脆即可。

 TIPS

　　1. 猪肉、鲜虾和韭菜都要提前分别处理，各自腌渍，这样味道才最好。

　　2. 用电饼铛制作锅贴最好用大小合适、隆起的锅盖盖上，别用电饼铛的盖子压以免将锅贴压变形。

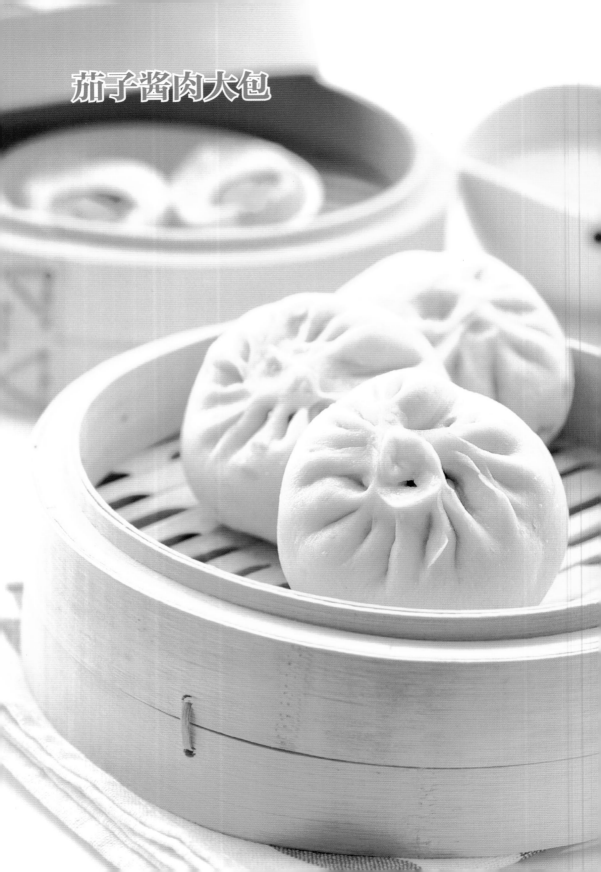

茄子酱肉大包

材料

面皮：面粉400克，水240克，酵母3克

馅料：茄子四五根，五花肉270克，葱花、姜末、盐各适量，黄豆酱2勺，十三香2克，生抽1勺，油2勺，香油少许

步骤

1. 酵母用水化开，徐徐倒入面粉中，不断搅拌呈雪花状，揉成光滑面团，饧约15分钟。

2. 茄子洗净后切大丁，撒入适量的盐，将水腌出来。

3. 五花肉切粒，将切好的五花肉粒一分为二，一半腌渍一半炒熟。

4. 将一半的五花肉用十三香、生抽腌渍。锅烧热，倒入油，将另一半的五花肉放入煸炒至出油，加入葱花和姜末炒香。

5. 加入2勺黄豆酱炒香、炒匀。

6. 将腌好的茄丁挤干水分，待炒好的五花肉稍微凉凉后和腌好的五花肉一同倒入茄丁中，加入食用油、香油，拌匀。

7. 饧好的面搓长条、切剂子，擀成中间厚四周薄的包子皮，包入馅料。

8. 包好的包子饧发充分后，冷水上屉，开锅后蒸15分钟即可关火，约2~3分钟后再开盖，以免包子软塌。

 TIPS

1. 面皮不完全发酵就操作可以保证包子形象美观，但是包好包子后要充分发酵，蒸出来的包子才暄软美味，当然也可以发酵后操作。

2. 炒好的五花肉连油星也不要剩下，都倒入馅中。因为腌的肉、炒的肉都有咸味，茄丁也是腌的，所以不必再放盐，味道足够了。

冬瓜丸子汤

🥛 材料

五花肉400克，冬瓜280克，葱、姜末共15克，香菜末3克，盐、五香粉各适量，生抽2勺，鸡精少许，蛋清1个，香油1小勺，香菜段5克，醋几滴

🥄 步骤

1.五花肉清洗干净后切大粒，剁成肉糜。

2.将肉糜放入料理盆中，加入葱末、姜末、香菜末、盐、五香粉、生抽、鸡精、蛋清后，搅拌均匀并摔打上劲儿。

3.将冬瓜去皮后切稍微厚一点的方形片。

4.锅中放水，开火，当锅中水微微温热时，用虎口挤出丸子，用勺舀起放入锅中。

5.将所有丸子制好，煮至丸子浮起，撇净浮沫。

6.放入冬瓜片烧开，至冬瓜片呈半透明状后关火。

7.放入香菜段，加入盐、鸡精、香油调味，滴入几滴醋，盛出即可。

📔 TIPS

1.五花肉糜最好是用刀剁，慢工细活，口味最佳。

2.冬瓜片不要煮得过烂，以免影响口感。

3.在汤中滴入几滴醋，可以提鲜增味，但注意别过量，不要吃出酸味才好。

牛肉篇

香卤牛肉

材料

牛腱子1000克，老卤汤500毫升，黄豆酱1大勺，冰糖20克，料酒1勺，葱段和姜片共20克，卤肉香料1包，生抽1大勺，老抽1/4大勺，盐适量

步骤

1. 牛腱子洗净，凉水浸泡半天去除血水（中间记得换几次水）。

2. 将牛腱子用线绳扎起。

3. 将老卤汤倒入锅中，加适量水，放入卤肉香料包、黄豆酱、冰糖、生抽、老抽、料酒调味，放入葱段和姜片，牛腱子放入冷水中。

4. 大火烧开，将浮沫不断撇净，中小火炖煮约1小时，放入盐，再煮1个小时，关火将牛腱子放在卤汤中浸泡一夜，第二天切片装盘即可。

 TIPS

1. 卤牛肉要选用腱子肉。卤制牛肉的时候，根据卤汤的味道适当调节咸淡。

2. 建议用中小火慢慢煮，不用高压锅，这样可以根据牛肉的量自行控制时间，卤的最佳口感是要有点嚼头的。

3. 可以不用捆，直接切大块，我捆扎是因为怕肉散，捆紧实最后煮出来卖相好看些。

4. 切牛肉记得横切，也就是断丝切牛肉。

# 番茄炖牛尾

材料

牛尾500克，西红柿2个，胡萝卜1根，葱段和姜片共15克，番茄酱1大勺，味极鲜1勺，八角1个，盐适量，橄榄油1勺

步骤

1. 牛尾自然解冻，用清水浸泡后去除血水。

2. 锅中放水，牛尾冷水下锅煮开，将牛尾捞出后用清水彻底冲洗干净。

3. 西红柿去皮后切大块，胡萝卜切滚刀块，准备好葱段、姜片。

4. 锅烧热，倒入橄榄油，煸香葱段、姜片。

5. 放入牛尾翻炒，加入胡萝卜翻炒。

6. 加入味极鲜和番茄酱炒匀，放入西红柿。

7. 锅中加入热水没过食材，放入八角，大火烧开后转小火。

8. 烧至汤汁浓稠，加入盐调味即可。

 TIPS

1. 想节约时间的话可以用高压锅压制，保留炖牛尾的汤，和所有食材同煮即可。

2. 不用加过多的调料，西红柿和牛尾是绝配，将汤汁收浓甘美醇香，配米饭最佳。

3. 也可以将西红柿在和牛尾炖煮的时候放一半，炖好后出锅前10分钟放另一半，这样既可保证汤汁中西红柿味道浓郁，又能使菜品更加美观。

# 香辣牛肉酱

材料

牛肉馅300克，生抽2勺，糖1勺，五香粉0.5克，白酒3克，盐适量，油2勺，姜末1小勺，蒜末1勺，红葱碎30克，辣椒酱90克，瑶柱丝2勺，颗粒花生酱2勺，鸡精少许

🥄 步骤

1. 准备好牛肉馅，加入生抽、糖、五香粉、白酒和盐，腌渍1小时入味。

2. 准备姜末、蒜末和红葱碎。

3. 锅烧热，倒入1勺油，倒入腌好的牛肉馅，迅速打散，炒至变色后盛出。

4. 将锅处理干净，重新倒入1勺油，将红葱碎煸炒至微微泛黄、香味析出，加入蒜末和姜末翻炒。

5. 重新倒入牛肉馅，放入辣椒酱。

6. 放入鸡精、瑶柱丝、颗粒花生酱，翻炒均匀后加入1小碗清水，小火慢熬，及时用木铲搅拌。

7. 熬至锅内的酱冒小泡，即可关火。

 TIPS

1. 复合味的牛肉辣酱，美味又实惠。辣椒酱用自己喜欢的口味即可，因为辣椒酱中有盐，所以腌牛肉馅的盐要酌情减少。

2. 红葱头就是小洋葱，香气浓郁，提前煸炒便于最大限度地释放香气。

3. 瑶柱丝可用小海米代替，主要是增鲜用的，花生酱最好选用颗粒状的，口感好，给牛肉酱增香。

4. 牛肉酱保存到密封容器中，入冰箱冷藏，可食用1~2周。

# 西湖牛肉羹

## 材料

牛肉200克，料酒1小半勺，酱油1勺，胡椒粉适量，鸡蛋2个，香菇3朵，姜末5克，葱花5克，生抽2勺，水淀粉1大勺，盐适量，鸡精1小勺，香油1/2勺，橄榄油1勺

## 步骤

1.牛肉洗净，剁成肉末，加入1小勺料酒、酱油和胡椒粉腌渍入味。

2.香菇洗净、切片，姜切末备用。

3.锅烧热，加入1勺橄榄油，倒入牛肉末煸至变色。

4.加入姜末和香菇炒匀，烹入1/2小勺料酒，加入生抽炒匀。

5.倒入开水，至烧锅的1/2处，加入胡椒粉、鸡精和盐调味，烧开后加入水淀粉勾芡。

6.锅烧开时缓慢倒入打散的蛋液，蛋花稍微定型后用筷子搅匀。

7.加入葱花，关火，淋上香油即可。

 TIPS

1.加入蛋液后不要立即搅拌，以免蛋花过碎，煮的时间也不要过长，以免煮老。
2.牛肉馅提前腌渍的时候放了酱油调味，所以煮好的牛肉羹要斟酌加盐，以免过咸。

麻辣牛杂

材料

牛杂260克，香菜1棵，葱末和姜末共12克，花椒面1克，色拉油3勺，红油2勺，味极鲜酱油2勺，糖1克，盐少许

步骤

1.牛杂半成品凉水下锅煮开后，捞出沥干水分备用。

2.葱、姜切末，同花椒面一起放到料理碗中，将色拉油充分烧热后浇淋在上面激出香味。

3.料理碗中加入红油、味极鲜酱油、糖和盐调味，搅拌均匀。

4.将香菜梗切4厘米~5厘米的段，和牛杂放到一起。

5.将料汁浇淋在牛杂上拌匀即可。

 TIPS

1.牛杂半成品在超市有售，已经加工好，去净了腥膻气，方便使用。
2.根据自己的口味添加盐，不要过咸。

黑椒牛柳

材料

牛里脊肉260克，青椒1个，红洋葱半个，盐、现磨黑胡椒碎各适量，蛋清1个，水淀粉1勺，
蚝油1勺

步骤

1.将牛里脊肉清洗干净，沥净水，切
成0.8厘米左右的粗条。

2.将牛柳加入盐、现磨黑胡椒碎、蛋
清、水淀粉，抓匀，腌渍30分钟入
味。

3.将红洋葱和青椒切成和牛柳差不多
宽的粗条。

4.锅烧热，倒入平时炒菜2倍的油，
烧至五六成热，放入腌好的牛柳滑炒
至表面变色后盛出。

5.锅中留底油，放入红洋葱炒香。

6.放入青椒，加入少许盐翻炒。

7.倒入牛柳翻炒片刻。

8.加入现磨黑胡椒碎和蚝油，炒匀即
可关火。

 TIPS

1.牛柳滑炒和回锅的时间都不要太长，以保证嫩滑。

2.青椒和红洋葱翻炒的时间也不要过长，以免软塌，影响品相。

芹香肚丝

材料

牛肚200克，葱段和姜片共20克，料酒1勺，八角1个，花椒10粒，香芹150克，干红辣椒丝10克，郫县豆瓣1勺，生抽1勺，料酒1勺，鸡精少许，香油、盐各适量，油1勺

步骤

1. 半成品牛肚清洗干净，放到锅中，加入适量的凉水，放入一半葱段和姜片、料酒、八角、花椒，烧开后转小火，炖煮约30分钟后，捞出沥水备用。

2. 准备好香芹和干红辣椒丝以及葱段、姜片。

3. 锅中放入油，放入干红辣椒丝，煸出香味后盛出。

4. 放入郫县豆瓣炒出红油。

5. 加入葱段、姜片煸炒。

6. 放入沥净水的肚丝，炒干水分。

7. 放入香芹和煸好的干红辣椒丝。

8. 烹入料酒、生抽，放入鸡精、盐，倒入香油炒匀即可。

 TIPS

1. 肚丝提前炖煮的时间要掌握好，不要太烂，有嚼头最好吃。

2. 香芹煸炒的时间不要过长，保持脆爽最佳。

# 牛肉千层饼

TIPS

1. 烙饼的面要半发面，这样饼皮才酥脆，酵母的量是发面量的一半，饧5分钟即可。如果面还是粗糙，就用擀面杖反复折叠擀压几分钟，面团会变得很光滑。

2. 烙饼的面软一些，面和水的基本比例是1斤面加6两水。

3. 馅料要提前腌渍，洋葱和肉馅的比例最好是1:1，这样吃起来不腻。

4. 千层饼的制作要皮薄馅多，不算太好操作，时间长了折叠的手法就熟练了。

## 材料

面皮：面粉300克，水180克，酵母1.5克

馅料：牛肉馅300克，洋葱300克，鲜味酱油3勺，盐适量，黑胡椒粉1/2小勺，鸡精1/4小勺，
　　　香油1/2小勺，橄榄油1大勺

## 步骤

1. 准备好面粉和其他材料。

2. 酵母溶解到水中，面粉中徐徐加入酵母水，用筷子将面粉搅拌成雪花状后，揉成面团备用。

3. 将面团饧发5分钟后揉成光滑面团。

4. 牛肉馅加入鲜味酱油、盐、黑胡椒粉、鸡精、香油，提前腌渍入味。

5. 将洋葱切细丁，倒入1大勺橄榄油裹匀，然后倒入肉馅中。

6. 将肉馅拌匀后再次加盐调味。

7. 案板上撒干面粉，将饧好的面擀成长方形的大面片，将肉馅均匀铺在面片上，在面片上切4刀（位置分别在长方形的两条长边，也就是两刀将长边分成3等份，另一边也如此，切的深度均是宽边的1/3）。

8. 将面皮上下折。

9. 向右折。

10. 面皮再次上下折，包住折过来的部分。

11. 再次向右折，然后上下折面皮将折过来的部分包住，将口尽量捏起来，擀成大饼。

12. 电饼铛抹油，将千层肉饼用电饼铛烙熟至表面金黄即可。

柠香黑椒牛肋眼

材料

雪花肋眼牛排1块，柠檬皮屑1/2个，盐适量，现磨黑胡椒碎1/2小勺，橄榄油1/2勺，黑椒汁2勺

步骤

1. 雪花肋眼牛排自然解冻备用。

2. 解冻的牛排撒上适量盐、现磨黑胡椒碎和柠檬皮屑腌渍入味。

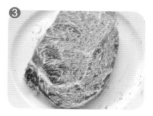

3. 将腌好的牛排抹上橄榄油，按摩片刻。

4. 平底锅烧热，将牛排的一面朝下，放到锅中煎至焦香上色。

5. 2~3分钟后，翻面煎制，约2分钟后关火，盛出装盘，配黑椒汁食用即可。

 TIPS

1. 牛排总共煎制的时间为4~5分钟，因为牛肉不算厚，煎至七八分熟，时间刚好。

2. 柠檬皮屑可以给牛排去腥、增香。

3. 因为牛排抹了橄榄油，加之雪花肋眼牛比平常的牛排脂肪含量高，所以煎锅中不必再放油，煎的时候一定将锅烧得足够热，这样牛排下锅能很好地锁住水分。

红烧牛肉

材料

牛肋条肉800克，葱段和姜片共15克，卤牛肉料包1个，盐适量，油1勺，八角1个，生抽2勺，料酒1勺，老抽1/2勺，糖2克，牛肉原汤3大勺

🥄 步骤

1. 牛肋条肉泡净血水，切5厘米左右的大块备用。

2. 牛肋条肉冷水下锅，煮开，用清水冲洗干净备用。

3. 将焯好的牛肋条肉放入高压锅，倒入刚没过牛肉的水，加入葱段、姜片、盐和卤牛肉料包，煮30~40分钟将牛肉煮烂。

4. 锅中放适量油，煸香葱段、姜片。

5. 将牛肋条肉从高压锅捞出，放到炒锅中。

6. 烹入料酒、加入八角、生抽、老抽、糖和盐翻炒均匀。

7. 倒入煮牛肉的原汤。

8. 烧至牛肉入味，汤汁收浓即可。

 TIPS

1. 先煮牛肋条肉可以缩短炖煮的时间，而且原汤烧制滋味十足。

2. 卤牛肉料包在各大超市均有售。

萝卜烧牛腩

材料

牛腩400克，白萝卜200克，葱段和姜片共25克，盐4克，料酒1勺，味极鲜酱油1勺，小香葱适量，油1勺

步骤

1. 牛腩清洗后切成2厘米～3厘米见方的块，用清水浸泡去除血水，中间换一次水。

2. 将处理好的牛腩放到高压锅中，加入适量水，放入15克葱段和姜片、4克盐，用高火压30~40分钟后将牛肉捞出，去除葱段、姜片并且留汤备用。

3. 白萝卜切滚刀块备用。

4. 锅烧热，放入10克葱段和姜片爆香，加入白萝卜翻炒。

5. 倒入煮熟的牛腩，烹入料酒，倒入味极鲜酱油，翻炒均匀。

6. 将煮牛肉的原汤澄清后，倒入锅中，大火烧开，转小火将萝卜炖至入味。

7. 汤汁收浓后，撒上小香葱段，加适量盐调味即可。

TIPS

1. 牛腩提前用高压锅压熟，可以极大地节约时间，亦可以直接炖煮。牛肉和萝卜的熟烂时间不同，所以应该将牛肉煮好后再放入萝卜炖煮入味。

2. 煮牛腩的汤适当多些，因为还要用原汤炖萝卜。

# 肥牛盖饭

材料

主料：米饭1碗，橄榄油适量，肥牛肉片200克，洋葱半个，生抽1勺，蚝油1勺，鸡蛋1~2个

配菜：西蓝花、胡萝卜各适量

 步骤

1.肥牛肉片解冻备用，一片片揭起来，每片用刀断成3段。

2.洋葱半个切丝备用。

3.锅烧热后倒入橄榄油，放入洋葱后炒软。

4.将炒好的洋葱拨到一边，放入肥牛肉片，用筷子打散，炒至变色。

5.倒入生抽和蚝油，将洋葱和肥牛肉片炒匀，鸡蛋液打散，倒在肥牛肉片上，等蛋液稍微凝固即可关火，将炒好的肥牛肉片和焯好的西蓝花、胡萝卜盖到新蒸好的米饭上即可。

 TIPS

1.肥牛肉片切段，食用起来方便，炒制的时间不要过长，因为肉片比较薄，变色即是熟了。

2.蛋液稍微凝固即刻关火，这样蛋液滑嫩，裹住肥牛肉片口感甚佳。

3.洋葱最好用白洋葱，水分多，容易炒软入味。

4.配菜可选用西蓝花、胡萝卜等。

禽肉篇

椒麻鸡

材料

鸡腿1只，葱段和姜片共15克，八角1个，香菜1棵，香葱3~5根，大蒜3瓣，花椒1勺，盐适量，香油1小勺，鸡精1/2小勺，味极鲜1勺，糖2克，干辣椒丝少许

步骤

1. 准备材料。

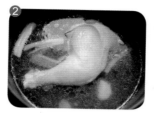

2. 将鸡腿冷水下锅，放入葱段、姜片和八角，烧开后小火焖制20分钟，至鸡腿在汤中熟透。

3. 将鸡腿去骨，撕成条状。

4. 小火将花椒焙香，用石臼将花椒捣碎。

5. 香葱和香菜切段，大蒜切末，将切好的材料和鸡肉放到一起，加入盐、味极鲜、糖、香油、鸡精和适量捣碎的花椒末，将干辣椒丝切碎放入鸡肉中，拌匀即可。

 TIPS

1. 鸡腿焖熟，可以保证肉质鲜嫩，如果鸡腿过大，焖好后用筷子在肉厚的地方扎一下，不出血水的话就说明已经完全熟了。

2. 花椒可以多焙些，留待下次用，自制的花椒碎香味十足。

辣子鸡

材料

小草鸡半只，料酒2勺，盐适量，花椒20克，干红辣椒60克，葱、姜、蒜片共20克，生抽1勺，糖2克，鸡精少许，熟白芝麻1勺

步骤

1. 小草鸡半只剁块，清洗干净，沥净水，加入盐和1勺料酒腌渍片刻。

2. 腌好的鸡块用厨房用纸拭净水分，锅中放600毫升油烧至七成热，放入鸡块炸至微黄，捞出，待油温升高复炸一遍，至鸡块呈金黄色。

3. 另起一锅，加入适量的油，待油温稍热，放入花椒和干红辣椒小火煸香。

4. 放入葱、姜、蒜片炒出香味。

5. 倒入炸好的鸡块翻炒。

6. 烹入1勺料酒，加入生抽、糖、鸡精、熟白芝麻，翻炒均匀即可。

 TIPS

1. 鸡块下高温油锅可以很快锁住水分，复炸一遍可以保证外焦里嫩。

2. 因为选用的是小草鸡，肉质鲜嫩，所以炸制的时间不必过长。

3. 花椒和干红辣椒小火慢炒可以最大程度释放出香味，不要大火炒，否则会糊。

参鸡汤

## 材料

仔鸡1只，糯米约120克，大蒜4瓣，大枣5个，板栗仁5个，参鸡汤料包1个，葱花10克，盐、胡椒粉各适量

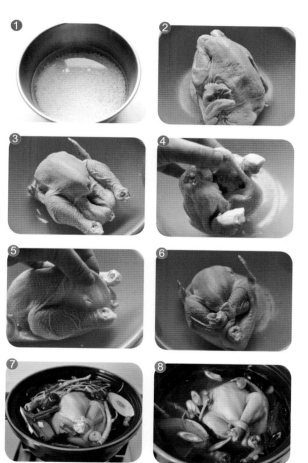

## 步骤

1. 糯米清洗干净后，浸泡一夜备用。
2. 仔鸡自然解冻。
3. 去掉鸡头、鸡脖、鸡爪和鸡屁股。
4. 将泡好的糯米、大枣、板栗以及大蒜交替码放填充到鸡腹中，预留1/5空间。
5. 将鸡尾部开口处两侧的皮肉各剪一个小洞。
6. 将鸡大腿骨交叉穿入洞中，锁住鸡腹中的填充物。
7. 取砂锅，倒入足量的冷水，将仔鸡凉水下锅，把冲洗干净的参鸡汤料包一同放入锅中。
8. 大火煮开，撇净浮沫，小火慢炖四五十分钟，加入葱花，放入盐和胡椒粉调味，关火即可。

 TIPS

1. 糯米提前浸泡方便煮透，建议用圆粒的糯米，因为圆粒的糯米更软糯。
2. 填充鸡腹时要预留空间，因为糯米煮后会膨胀。
3. 参鸡汤料包在韩国商店、大型超市以及淘宝上都能买到，或者直接用高丽参即可。

照烧鸡腿

材料

鸡腿2只，胡椒粉1克，柠檬半个，葱段和姜片各20克，八角1个，生抽2大勺，味啉1.5大勺，糖3/4大勺，盐、水淀粉各适量，油1勺

步骤

1. 鸡腿清洗干净，浸泡去除血污。

2. 将鸡腿去骨，鸡肉朝上，用刀刃将肉轻斩十几下，注意不要切断。

3. 放入一半的葱、姜片，撒适量盐、胡椒粉，挤上柠檬汁，腌渍约30分钟，入底味。

4. 腌好的鸡肉拭净水，将锅烧热，加入适量油，将鸡皮朝下小火煎至金黄。

5. 将鸡肉翻面继续小火煎制。

6. 将生抽、味啉、糖和2大勺水混合调成照烧汁。

7. 煎好的鸡肉浇上照烧汁，放入剩下的葱、姜片和八角，烧开后，小火将鸡肉烧熟。

8. 将鸡肉捞出，稍微凉凉，切开备用。

9. 锅中剩下的汤汁烧开后，根据汤汁的量加入适量水淀粉，烧至浓稠。

10. 将汤汁浇淋到鸡肉上即可。

 TIPS

1. 用葱段、姜片、胡椒粉和柠檬汁腌渍鸡肉，便于去除鸡肉腥味。

2. 鸡肉稍微放凉便于切，注意保持皮的完整，这样品相才好。

黄金锤

材料

鸡翅中260克，白胡椒粉0.5克，黄酒1勺，姜粉1克，鸡蛋2个，玉米淀粉20克，面包糠30克，盐、泰式甜辣酱或番茄酱各适量

步骤

1.鸡翅清洗干净备用。

2.将鸡翅的一端剪开筋膜，将皮肉向下翻开，推至另一端，去掉细的骨头，保留粗的骨头即成肉锤状。

3.将处理好的肉锤加盐、白胡椒粉、黄酒、姜粉，腌渍15分钟入味。

4.将腌好的肉锤先裹玉米淀粉再蘸鸡蛋液，然后滚上面包糠，用手捏实。

5.锅中倒500毫升油，油温升至六七成热时，放入肉锤炸至定型。

6.将肉锤捞出。

7.将油温升高，烧至锅中没有响声后放入肉锤复炸，至金黄色即可，蘸泰式甜辣酱或番茄酱食用。

# 五香凤爪

材料

凤爪500克，油700毫升，葱、姜、蒜片各适量，干红辣椒3个，八角1个，花椒十余粒，生抽2勺，料酒1勺，老抽1/2勺，白醋1勺，五香粉1克，盐少许

🥄 步骤

1. 凤爪处理干净后，清水浸泡2小时备用。

2. 锅中倒入凉水，凤爪冷水下锅，煮开后关火，用清水将凤爪清洗干净。

3. 将凤爪晾干，锅中放油烧至约七成热，凤爪投入油锅炸至焦黄表面起泡。

4. 另起一锅，加少许油，放入干红辣椒、花椒和八角爆香，加入葱、姜、蒜片炒香。

5. 放入炸好的凤爪。

6. 烹入料酒，加入生抽、老抽、白醋、五香粉翻炒均匀。

7. 倒入开水，没过鸡翅，加入老抽调色。

8. 将凤爪煮至酥烂，加少许盐调味，关火即可。

 TIPS

1. 冷水焯凤爪便于去掉血沫。
2. 炸凤爪时注意防溅，凤爪下锅后及时盖锅盖。

蒜香鸡翅

材料

鸡翅500克，生抽2勺，蚝油2勺，黄酒1勺，姜粉1克，蒜粉2克，大蒜1头

步骤

1.鸡翅清洗干净后，用清水浸泡，去除血水，沥净水。

2.将鸡翅的正反面分别剞上一字花刀。

3.将生抽、蚝油、黄酒、姜粉、蒜粉倒入鸡翅中，大蒜切成末和鸡翅放到一起。

4.将腌料和鸡翅搅拌均匀，腌渍1~2小时入味。

5.锅中倒入600毫升油，油温升至四成热时转小火，将鸡翅掸掉蒜末，放入油锅中小火慢炸至金黄色，捞出沥油，用厨房纸吸净多余油脂，关火。

6.将腌鸡翅的蒜末滤净汤汁，放入有余温的油锅浸几遍，至蒜末飘出香味，撒到鸡翅上即可。

TIPS

1.炸鸡翅时油温不要过高，否则会外表金黄而中间不熟，所以应该小火慢炸。因为用了蚝油和生抽腌渍，所以鸡翅容易上色，注意判断火候。

2.鸡翅下锅前最好掸净蒜末，否则蒜末落入油锅易糊，将腌鸡翅的蒜末或用油浸熟，或炒熟后放到鸡翅上，以便增添风味。

口水鸡

## 材料

主料：三黄鸡1只，葱段和姜片共25克

碗汁：麻油2勺，花椒油1勺，白糖1勺，香醋1勺，味极鲜1勺，芝麻酱1勺，料酒1
勺，辣椒油2勺，鸡精1勺，熟芝麻1勺，盐、鲜鸡汤、熟花生碎各适量，香葱末1勺

## 步骤

1.准备三黄鸡一只，洗净，浸泡半小时去除血水。将鸡冷水下锅，放入葱段、姜片。

2.将锅烧开后加入少许盐，小火焖30分钟。

3.整只鸡在鸡汤中浸泡，自然凉凉后将鸡捞出，斩成条，码到深盘中。

4.将碗汁兑好。

5.碗汁浇淋到鸡块上，撒上熟花生碎和香葱末即可。

## TIPS

1.碗汁材料多样，口味丰富，咸淡根据自家的口味调节就好。

2.三黄鸡的处理用焖制的手法，这样鸡肉既鲜嫩又能保证熟透，也可以将鸡焖好后提出来过凉水，可以保证鸡肉紧致，鸡皮脆嫩。

黄焖鸡米饭

 材料

三黄鸡1只，土豆3个，尖椒1个，葱段和姜片共15克，八角1个，高汤、盐各适量，老抽1/2勺，油1勺

腌料：生抽2勺，蚝油1勺，五香粉1克，盐少许，糖1克

步骤

1. 准备好三黄鸡，切块，用清水浸泡数遍，沥干后加入调味料腌渍1小时充分入味。

2. 新土豆去皮，切滚刀块，准备葱段和姜片。

3. 将锅烧热，放入油，倒入腌好的鸡块煸炒断生。

4. 加入葱段、姜片和土豆继续翻炒。

5. 锅中倒入高汤和水，没过鸡块和土豆，放入八角，加入老抽上色，大火烧开转小火，慢炖40分钟至鸡肉熟透，汤汁收浓。

6. 关火前5分钟加入手撕的尖椒即可，配米饭食用。

 TIPS

1. 提前腌渍可以使鸡肉更入味。

2. 尖椒不要过早加，否则失掉口感而且品相不好。

叫花童鸡

材料

三黄鸡1只，大葱1根，香菇5朵，盐适量，生抽2勺，料酒1勺，五香粉1/4小勺，荷叶2张，油纸1大张，包裹用面团1大块（用水和黄酒和面），油1勺、味极鲜1勺、鸡精1/4勺、香油1小勺

🥄 步骤

1. 将三黄鸡清洗干净，清水浸泡去血水，两侧大腿贴近腹部的地方切开，将腿展开剔除两侧腿骨（琵琶腿）。

2. 将两侧鸡翅的翅根骨剔除。

3. 处理好的三黄鸡用刀背将骨头拍松，放入盐、生抽、料酒、五香粉腌渍入味。

4. 大葱和香菇切丝，锅烧热，放入油，将葱丝煸香后放入香菇翻炒，加入味极鲜、盐、鸡精、香油调味后关火自然凉凉。

5. 三黄鸡腹部朝上，将馅料填到肚子里，将两条腿包裹腹部，鸡头收至腹部，鸡翅同样向腹部提起，压住鸡头。

6. 底下铺上油纸，上边放一层泡好的折叠的荷叶，最上边放三黄鸡，用油纸将三黄鸡紧密包裹起来。

7. 沥干水分的荷叶在油纸上面包裹两层，最好用线绳捆扎。

8. 最外边包裹上用水和黄酒和好的擀开的面团，烤箱预热220℃，烤约40分钟后调至160℃，烤80~90分钟。

9. 烤好后出炉，撕掉包裹物即可食用。

 TIPS

1. 前期剔骨的工作是为了整形方便，包裹的时候注意始终保持鸡腹向上，这样是为了馅料不撒。

2. 家庭版的叫花鸡尽可能利用家里现有的材料来完成制作。

3. 馅料可以根据现有的食材来搭配。

4. 注意包裹严密，不要损失汤汁，这样成品鲜香四溢，汤汁饱满。

小炒鸡

材料

草鸡半只，料酒1勺，生抽2勺，葱段和姜片共25克，水淀粉2勺，干红辣椒5个，尖椒1个，盐、蚝油各适量

步骤

1. 将半只草鸡斩小块后用清水浸泡去除血水，沥干水备用。

2. 鸡块中加入料酒、生抽、盐和葱段、姜片腌渍半小时入味。

3. 备好葱段、姜片，尖椒去蒂、去籽，切菱形块备用。

4. 将鸡块从腌料中取出，沥干水加入水淀粉抓匀。

5. 锅中放油，烧热，放入剪段的干红辣椒炒出香味，放入葱段和姜片。

6. 倒入鸡块翻炒至变色。

7. 加入蚝油，翻炒均匀，倒入一杯热水，烧开后转小火。

8. 将汤汁收浓后加入尖椒，翻炒均匀后即可出锅。

 TIPS

1. 鸡块处理得要小一些，方便入味。

2. 鸡块已经腌渍过，不必再加盐以免过咸，蚝油的量根据鸡块的量酌情添加。

熏鸡

材料

仔鸡1只，葱和姜共15克，料酒1勺，老卤汤600毫升，生抽20克，盐、剩米饭各适量，废茶叶1勺，白糖1勺，香油1勺

步骤

1.仔鸡1只，清洗干净后浸泡半天去除血水备用。

2.将仔鸡下凉水锅，煮开后捞出。

3.将汤锅处理干净，放入葱和姜、料酒、老卤汤、水、生抽和盐，把焯烫好的仔鸡放入，大火烧开，小火炖煮约30分钟，将仔鸡卤熟。

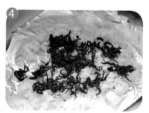

4.取旧锅一口，铺上锡纸，撒上白糖，放上米饭和茶叶，开火。

5.有烟冒出时，将卤好的仔鸡置于箅子上，放到锅中熏蒸2~3分钟。

6.至鸡皮上色后取出，均匀刷上香油，手撕后装盘即可。

 TIPS

1.仔鸡卤制的时候因为有老卤汤，所以调味要注意咸淡适中。

2.也可只用白糖熏蒸，但是注意掌握时间，以免熏的时间过长鸡肉发苦。

小鸡炖松蘑

材料

松蘑100克，三黄鸡1只，葱段和姜片15克，八角1个，桂皮1小块，黄酒1勺，生抽2勺，盐适量

🥄 步骤

1. 松蘑冲洗后，提前浸泡半天，待泡软后搓洗，换水数遍，直至洗净泥沙。

2. 三黄鸡切块，冲洗干净血水，冷水下锅，煮开。

3. 将煮好的鸡块捞出来，用清水再次冲洗干净，沥净水分备用。

4. 锅烧热，放入1勺油，倒入鸡块翻炒，加入葱段、姜片。

5. 烹入黄酒，加入生抽，放入八角、桂皮后翻炒均匀，将松蘑沥水放入锅中，炒匀。

6. 将炒好的所有食材倒入砂锅中。

7. 倒入提前烧好的热水，使水没过鸡块。

8. 大火烧开，转小火，炖至三黄鸡熟烂，关火前15分钟加入盐调味即可。

 TIPS

1. 松蘑好吃但是泥沙较多，一定要反复冲洗干净，以免牙碜。

2. 煮好后加盐调味，是为了避免过早加盐影响鸡肉熟烂。

啤酒鸡翅

## 材料

鸡翅350克，葱段和姜片各10克，料酒1勺，糖1/2勺，生抽1勺，老抽1/2勺，啤酒2/3瓶，盐少许

## 步骤

1.鸡翅清洗干净，用清水浸泡半天，去除血水备用。

2.锅中放水，将鸡翅冷水下锅，煮开后关火。

3.将余烫好的鸡翅再次用清水洗净，沥水备用。

4.锅烧热，倒入1勺油，将沥净水的鸡翅放入锅中煎至两面微黄。

5.加入葱段和姜片，烹入料酒，放入糖、生抽、老抽，翻炒均匀。

6.倒入啤酒，刚好没过鸡翅，烧开后转小火。

7.将汤汁收至浓稠即可，根据自己的口味加入少许盐。

 TIPS

1.鸡翅焯水便于更好地去除血污，也可以生腌，然后煎制，最后用啤酒炖制。
2.烧好的鸡翅本身已入味，盐可加可不加，根据自己的口味来吧。

香烤乳鸽

材料

乳鸽1只，胡椒粉1克，姜粉1克，糖3克，生抽1勺，盐、橄榄油各适量，蜂蜜1勺

步骤

1.乳鸽解冻后清洗干净，用水浸泡半天去除血污。

2.乳鸽去掉爪子，从背部入手，将脊柱、脖子和头剪下。

3.处理好后将身体展开。

4.加入盐、胡椒粉、姜粉、糖和生抽腌渍2小时入味，腌好的乳鸽加入少许橄榄油按摩片刻，穿上竹签子定型。

5.烤箱预热210℃，烤架置于中层，烤30~35分钟，至表面着色，有油脂析出。

6. 1勺蜂蜜加入少许水稀释，将其均匀地抹到乳鸽的皮上，放入烤箱烤5~8分钟上色后即可。

 TIPS

1.乳鸽要充分清洗浸泡并腌渍入味，烤出来才好吃。

2.串上竹签子可以定形，烤制的时候容易均匀受热。

3.第一次烤好的乳鸽可以用叉子在肉厚的地方扎几下，没有血水就是烤熟了，抹蜂蜜水是为了表皮好看，记得入烤箱上色的时候留意观察，以免焦煳。

孜然鸡翅

材料

鸡翅300克，味极鲜2勺，盐1小勺，姜粉和蒜粉各1克，五香粉1克，辣椒粉2克，孜然粉1/2勺，橄榄油1勺，孜然粒1勺，熟白芝麻1勺

步骤

1.鸡翅清洗干净，泡净血水沥干备用。

2.在鸡翅上打上花刀，加入味极鲜、盐、姜粉、蒜粉、五香粉、辣椒粉和孜然粉，充分腌渍入味。

3.将腌好的鸡翅串上铁签子，烤箱预热200℃。

4.将鸡翅放入烤架上，置于烤箱中层烤8~10分钟，至表面出油。

5.将鸡翅刷上一层薄橄榄油，均匀撒上孜然粒、辣椒粉、少许盐和熟白芝麻，重新入烤箱烤2~3分钟即可。

 TIPS

1.腌渍鸡翅的时候在表面扎些小孔，这样方便入味。

2.鸡翅烤的时间不要过长，否则会影响口感。

3.用孜然粉腌渍是为了方便入味，表面撒孜然粒可以更好地体现孜然风味。

迷迭香柠檬烤鸡

材料

仔鸡1只，新土豆1个，柠檬3~5片，盐适量，迷迭香全叶2勺，柠檬汁2勺，橄榄油3勺，胡椒粉0.5克

步骤

1.仔鸡清洗干净，去掉鸡爪、鸡脖、鸡头和鸡屁股，从背部剪开，将鸡肉两面均匀撒上盐腌渍入味。

2.料理碗中加入橄榄油、柠檬汁、迷迭香全叶、胡椒粉和柠檬片，混合备用。

3.土豆清洗干净，切块备用。

4.腌好的鸡放到平底锅中。

5.将土豆放入，和鸡一同煎制约10分钟。

6.煎好的土豆和鸡放到铸铁锅（或烤盘）中，拌上迷迭香柠檬腌料，烤箱预热220℃，铸铁锅放入烤箱中层下火，烤约40分钟，至鸡肉表面金黄即可。

 TIPS

1.仔鸡处理后浸泡出血水，拭干，撒盐腌渍，便于入底味儿。
2.仔鸡烤制的时候注意观察上色以免焦煳，根据仔鸡的大小适当调整烤制的时间。
3.迷迭香全叶在大型商超的进口商品区有售。

白斩鸡

材料

三黄鸡1只，味极鲜酱油1勺，蚝油1勺，糖5克，葱和姜末1勺，盐、香油各适量

步骤

1. 三黄鸡清洗干净后浸泡，去除血水。

2. 汤锅中放水烧开，将鸡提着鸡腿，浸入热水中约5秒钟，然后将鸡提起来，如此重复3次。

3. 将鸡放入水中，用微火，加热约15分钟。

4. 将鸡捞出来，投入冰水中，直至三黄鸡完全凉透。

5. 将味极鲜、蚝油、糖、盐和150毫升纯净水放入锅中烧开，取1大勺盛入料汁碗，放上葱、姜末和香油，搅拌均匀。

6. 鸡从冰水中捞出。

7. 斩成块，蘸料汁食用即可。

 TIPS

1. 鸡烫三次，放入锅中微火焖熟，焖制的时间根据鸡的大小自行调整，焖好后可以用牙签扎一下肉厚的部分，检验是否熟透。

2. 蘸料的家庭做法改变了以往传统蘸料姜蓉配油的吃法，可以根据自己的口味添加喜欢的调味料。

香酥鸡腿

材料

鸡腿2只，姜3片，葱结1个，八角1个，香叶2片，桂皮1小块，盐、椒盐各适量

步骤

1.鸡腿清洗干净，下冷水锅，锅中同时放入姜片、葱结、八角、香叶和桂皮。

2.大火烧开，小火将鸡腿煮熟，关火前15分钟加入盐调味。

3.煮好的鸡腿沥净水备用。

4.锅中放入500毫升食用油，待油温升至七成热时，将鸡腿拭干水，放入油锅炸至金黄色。

5.改刀上桌，配椒盐食用最佳。

 TIPS

1.煮鸡腿要提前腌渍入底味儿，炸出来才好吃。
2.下锅前拭干鸡腿表面的水分，以免油迸溅。

羊肉篇

孜然烤羊排

材料

羊排1500克，盐适量，卤羊肉料包1个，油1勺，烧烤料3勺，孜然50克，辣椒粉适量

步骤

1.羊排自然解冻备用。

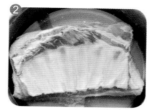

2.用清水浸泡半天去除血水，中间换2~3次水。

3.锅中放水，冷水下锅，将羊排放入锅中，加入盐和卤料包，将锅烧开后转小火炖1小时，将羊排煮熟。

4.烤箱预热210℃，羊排从锅中捞出，沥干水置于烤箱中层，烤约10分钟，至表皮焦黄。

5.将羊排取出，均匀刷薄薄的一层油，撒上盐、烧烤料、孜然和辣椒粉。

6.将羊排再次入烤箱，将孜然和烧烤料烤出香味即可。

 TIPS

1.羊排采用先卤后烤的方法，适合家庭操作，而且肉质外焦里嫩。

2.羊排卤制的卤料包在各大商超有售，是卤牛羊肉专用的料包。

3.羊排卤制的时候加盐要适量。

4.烤制羊排用的烧烤料在各大商超有卖，孜然料用粉或粒均可，当然孜然粒的味道更浓郁。

羊肉串

材料

羊腿肉800克，葱姜水20克，生抽2勺，胡椒粉1小勺，盐适量，料酒1勺，橄榄油1勺，孜然粉2勺，辣椒粉1勺

步骤

1.羊腿肉用清水浸泡半天，去除血水。

2.将羊腿肉沥干水，切小块，加入葱姜水、生抽、料酒、胡椒粉、盐等调料和橄榄油，带上一次性手套抓匀，腌渍1小时。

3.腌好的肉串到竹签子上。

4.烤箱预热200℃，将肉串放到烤架上，置于烤箱中层，烤5~7分钟至肉串变色。

5.将肉串取出，刷上薄薄的一层橄榄油，撒上孜然和辣椒粉。

6.再次入烤箱烤3~5分钟即可。

 TIPS

1.如果加上几块羊尾油的话会更香，羊肉调味后要充分腌渍入味才好吃。

2.腌肉的时候加上橄榄油可以更好地起到滋润作用，这样烤出来的肉不至于过干，时间上要根据肉块的大小适当调整，别烤过长时间以免影响口感。

3.有的烤串方法是不加腌料，保证羊肉味道的纯正，只加盐和孜然、辣椒粉即可。总之只要肉质新鲜，怎么做都好吃。

葱爆羊肉

## 材料

羊腿肉200克，大葱120克，葱姜水1勺，生抽1勺，料酒1勺，香油1小勺，糖1/2小勺，盐适量，油1.5勺，醋4克

## 步骤

1. 羊腿肉清洗干净备用。

2. 将羊腿肉剔掉筋膜，断丝切成薄片。

3. 加入40克葱片、葱姜水、生抽、料酒、香油、糖、盐，抓匀，腌渍半小时入味。

4. 锅内加入比平时稍多的油烧热，倒入腌好的羊肉片，将羊肉片迅速滑散。

5. 羊肉变色后加入剩余的葱片，翻炒至葱片回软。

6. 烹入4克醋。

7. 炒匀后即刻关火装盘。

## TIPS

1. 葱爆羊肉最好选里脊肉或羊腿肉，这两个部位的肉质嫩，最适合爆炒。
2. 羊肉片要切得薄而均匀，充分腌渍入味，炒的时间要短，口感才好。
3. 醋的量不可过多，为了提鲜，不要吃出酸味。

# 羊肉萝卜水饺

## TIPS

1. 面要和得软一些，饧透，饧的过程中时常揉一揉，这样饺子皮光洁而且有嚼劲。

2. 白萝卜放得多些，饺子不腻，萝卜水打入馅中既不浪费营养，又能使馅汤汁饱满。

3. 馅料的打水要有耐心，一定要使打的水全部被吸收后再加入下一次的水，馅料打水后放入冰箱冷藏不易出汤，包之前再从冰箱取出。

4. 煮饺子的时候，多数用三点水法，自己掌控时间，只要饺子肚全部鼓起，按下去能回弹即是熟了，别煮过头。

### 材料

羊肉250克，白萝卜500克，面粉350克，水200克，盐适量，鸡精1/2小勺，胡椒粉1/2小勺，生抽2勺，葱、姜、香菜、花椒各适量，香油1勺，萝卜水半碗，油2勺

### 步骤

1. 面粉徐徐加入凉水，搅拌成雪花状后，揉成光滑面团，饧半小时。
2. 羊肉剔掉筋膜，清洗干净，泡净血水，沥净水后先切小粒，再剁成肉末。
3. 葱、姜和香菜全部切末备用。
4. 剁好的羊肉馅加入盐、鸡精、胡椒粉、生抽、葱、姜、香菜末、香油，搅拌均匀。
5. 花椒洗干净，用热水冲泡，制成花椒水。
6. 白萝卜用食物料理器擦成细丝。
7. 将白萝卜丝剁碎，加入适量盐，腌出水分。
8. 挤出的萝卜水留半碗备用。
9. 将萝卜水和花椒水分别少量多次加入馅中，每一次加入都要充分搅拌，直至水分全部被吸收。打水的馅放入冰箱冷藏。
10. 面团饧好后，将冷藏的馅取出，加入剁好的白萝卜。
11. 倒入油，充分搅拌均匀，再次加适量盐调味即可。
12. 将面团揉光滑，搓成长条，切小剂子。
13. 将剂子压扁，擀成四周薄中间厚的饺子皮，包入馅料。
14. 两手对捏成元宝饺子。
15. 锅中水烧开，放入饺子，煮开后点入凉水，直至饺子肚鼓起，捞出即可。

鱼肉篇

干炸小黄花

材料

小黄花鱼10条，葱段和姜片15克，盐适量，料酒2勺，酥炸粉30克

步骤

1. 小黄花鱼清洗干净。

2. 从腮部入手，将筷子插入鱼肚子，搅一下，连同鱼鳃将鱼肠一块儿拽出来，将鱼身两面打上一字花刀。

3. 加入盐、料酒，盖上葱段和姜片腌渍15分钟入味。

4. 在酥炸粉中慢慢加入水，边加边搅拌，直至将酥炸粉调和成糊状，用手捞起后呈线状滴下。腌好的鱼挂糊。

5. 锅中600毫升油烧至六成热，将挂糊的鱼放入锅中，炸至定形，捞出。

6. 将油锅升温，直至锅中没有响声，放入鱼复炸至金黄酥脆，捞出沥油即可。

 TIPS

1. 小黄花鱼的肚子不脏，所以不用开膛。

2. 酥炸粉在超市有售，也可用淀粉代替。

3. 炸小鱼的油温六成热刚好，下锅后不要立即翻动，定型后再翻身，以免卖相不完整。复炸一遍可以将多余的油脂逼出来，而且口感酥脆美味。

家常黄花鱼

**材料**

黄花鱼1条，葱段和姜片15克，生抽2勺，料酒1勺，醋2勺，淀粉20克，盐适量，小香葱1根，油2勺

**步骤**

1.黄花鱼清洗干净。将鱼去鳞，在肛门处剪一个小口，从鱼鳃处向腹部伸进一根筷子，在鱼肚子里搅一下，连同鱼鳃一起将鱼肠和内脏拽出来。

2.在鱼身打上一字花刀，加入生抽、料酒和醋，盖上葱段和姜片，腌渍20分钟。

3.锅烧热，加入油，将鱼身拭干，蘸上干淀粉，放入锅中煎至两面金黄。

4.将腌鱼的调料和葱段、姜片倒入锅中。

5.加入没过鱼身2/3的水，放入盐。

6.大火烧开后转小火慢炖。

7.至汤汁收浓，将鱼盛出，装饰小香葱段即可。

TIPS

1.煎鱼要想不煳锅，新手可以选用不粘锅操作。如果没有不粘锅，有几点事项只要注意就能做出卖相十足的鱼。首先要热锅凉油，锅烧至足够热，倒入油，然后再放入鱼煎制；其次，鱼拍上淀粉也可以防止巴锅；再次，放入鱼以后不要动，要煎至硬挺，用铲子能推动了再翻面，自然会保持鱼皮完整。鱼焖制的过程，也要及时晃晃锅，防止鱼皮粘锅。

2.黄花鱼肉质较嫩，焖好的黄花鱼要端着锅滑入盘中，才能保证菜的品相。

开屏鲈鱼

## 材料

海鲈鱼1条，料酒1勺，蒸鱼豉油2勺，葱、姜丝、香菜段、盐各适量，香菜段适量，小红尖椒1个

## 步骤

1.海鲈鱼清洗干净，去掉鱼鳃、鱼鳞，剪掉背鳍。

2.切下鱼头和鱼尾，将鱼中段从背部下刀，切成腹部相连，约1厘米宽的段，将鱼内脏从切口处掏干净即可。

3.撒上盐、倒入料酒，盖上葱段和姜片腌渍约15分钟。

4.锅中放水，烧开后，将鱼上屉，旺火蒸约4分钟，关火后取出。

5.倒掉多余汤汁，去除葱和姜片，均匀浇上蒸鱼豉油，盖上姜丝。

6.锅中加入30毫升食用油，烧至微微冒烟，将热油浇到鱼身上，点缀葱丝、香菜段和小红尖椒圈即可。

 TIPS

1.鱼一定要新鲜，才能保证鱼蒸出来后有好口味。

2.切鱼要用快刀，或者放到冰箱急冻至鲈鱼硬挺，这样比较好切，鱼切得薄，展开才好看且容易入味。

3.因为鱼切得薄，所以开水上屉后蒸的时间不要过长，否则影响口感。

烤鳗鱼

材料

河鳗1条，海苔2片，海鲜酱油1大勺，味啉2/3大勺，糖1勺，麦芽糖1勺，芝麻适量

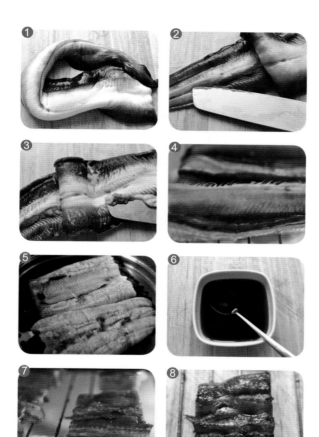

步骤

1. 将宰杀好的河鳗清洗干净血水。
2. 用刀沿着表皮刮一遍，清理黏液，冲洗干净。
3. 将鳗鱼浸入70℃的热水中，取出后，用刀将凝固的表面黏液刮干净。
4. 清洗干净的鳗鱼一分为二，放到烤架上，烤箱预热200℃，烤架置于烤箱中层，将鳗鱼皮朝上，烤至焦黄。
5. 将蒸格垫上紫菜，烤制后的鳗鱼放到蒸格上，水开后上屉蒸10分钟。
6. 将酱油、味啉、糖和麦芽糖混合成料汁。
7. 蒸好的鳗鱼切段，刷上料汁，放到烤架上烤箱预热200℃，烤架置于烤箱中层，边烤边刷料汁3~5遍，直至鳗鱼上色均匀为止。
8. 烤好的鳗鱼取出放凉。

 TIPS

1. 鳗鱼的油脂过高，先烤再蒸能最大限度地将油脂逼出。
2. 根据上色情况调整时间，烤好的鳗鱼色泽红亮，香味扑鼻。

赛螃蟹

材料

黄花鱼1条，咸蛋黄1个，鸡蛋3个，盐少许，料酒1/2勺，淀粉2/3勺，盐1/2小勺，鸡精1/4小勺

🥄 步骤

1. 黄花鱼去鳞、去内脏，洗净备用。
2. 黄花鱼去掉头尾，去掉主刺，片掉鱼腩，留净鱼肉。
3. 将鱼肉去皮，用手拔除大刺，将鱼肉切小丁，加入盐、料酒和淀粉抓匀腌渍10分钟。
4. 将鸡蛋的蛋黄和蛋白分离，咸蛋黄碾碎和蛋黄混合搅拌均匀。
5. 蛋清搅打起泡。
6. 锅烧热，放入油，分别将蛋黄和蛋白滑熟后盛出。
7. 重新放油，倒入腌好的鱼肉，滑散至变色。
8. 倒入蛋清和蛋黄同炒。
9. 加入盐和鸡精调味，炒匀关火即可。

 TIPS

1. 一定要选用新鲜的黄花鱼才能保证菜品的好口味。
2. 蛋清和蛋白分别炒，滑散基本成型即可，后边还要再加工，否则口感容易老。
3. 鱼肉不要太咸，炒的时间要短，变色后即可加入蛋白和蛋黄，调味后起锅装盘即可。
4. 赛螃蟹的做法多样，鱼肉版的赛螃蟹用黄花鱼最好，肉嫩刺少，最适合老人和孩子享用。

手撕鲅鱼

材料

鲜鲅鱼2条，盐适量，生抽2勺，五香粉2小勺，姜粉2小勺

步骤

1.新鲜鲅鱼清洗干净备用。

2.将鲅鱼从背部剖开，去掉内脏和血块，清洗干净。

3.将水拭干，将盐、生抽、五香粉、姜粉均匀抹到鱼肉上，加盖保鲜膜，至鱼充分腌渍入味。

4.将鲅鱼悬挂风干2~3天。

5.风干的鲅鱼剪开，电饼铛中放油，将鲅鱼肉朝下，煎至金黄。

6.翻面直至煎好为止，待稍微晾凉，手撕装盘即可。

 TIPS

1.鲅鱼一定要选新鲜的，腌渍的调味料比平时要多一些才好，姜粉和五香粉可用姜片和八角、花椒代替，当然粉末更易入味。

2.鲅鱼风干的时间以3日上下为宜，当然视季节而定，只要鱼肉别太干就好。

3.煎好的鲅鱼咸香味美，配玉米饼食用最佳。

酥鱼

📠 材料

草鱼1条，葱段和姜片各10克，料酒1勺，生抽1勺，冰糖15克，八角1个，香叶3片，花椒10粒，干红辣椒4个，盐、鸡精、葱白丝、香菜（装饰）各适量

🥄 步骤

1.草鱼宰杀，去鳃、去内脏，清洗干净。

2.去掉鱼头，剔除主刺，留净鱼肉待用。

3.将鱼肉从尾部斜着片成鱼片，每片约1厘米厚，加入料酒、盐、葱段和姜片腌渍片刻。

4.将3勺纯净水、生抽、冰糖、八角、香叶、花椒、干红辣椒和鸡精混合，在锅中熬成料汁备用。

5.将腌渍好的草鱼拭净水分。

6.将锅中倒入600毫升油，烧至七成热，放入鱼片炸至金黄酥脆。

7.将炸好的鱼片沥净油，放入料汁中，浸三四十秒钟，捞出摆盘，撒上葱白丝和香菜装饰即可。

📙 TIPS

1.鱼片腌渍入底味，不要过咸，因为还要用料汁浸过。

2.鱼片炸至酥脆金黄，入料汁浸的时间不要过长，这样表面裹上料汁味同时还保证鱼片的酥脆劲儿。

香煎三文鱼

材料

三文鱼段300克,柠檬1/4个,胡椒粉0.5克,盐、橄榄油各适量

步骤

1. 三文鱼段备用。

2. 将三文鱼切厚片,加入盐、胡椒粉、挤上柠檬汁腌渍入味。

3. 锅中放入橄榄油,烧至四五成热时,放入三文鱼厚片,煎至金黄色。

4. 关火,将三文鱼片翻身,用余温将这一面煎至变色即可。

TIPS

1. 用盐腌渍三文鱼,简单美味,柠檬的加入增添了风味。

2. 三文鱼片容易成熟,所以煎制的时间一定不要过长,以免影响口感。三文鱼肉或切粒或整段煎制均可,虽然三文鱼刺身美味,但是熟食更安心。

油泼银鳕鱼

材料

银鳕鱼400克，葱段和姜片15克，盐2克，白胡椒粉0.5克，柠檬半个，蒸鱼豉油1勺，葱丝和红椒丝10克

步骤

1. 银鳕鱼自然解冻。

2. 将银鳕鱼撒上盐和胡椒粉，盖上葱段和姜片，挤上柠檬汁腌渍15分钟。

3. 开水上屉，旺火将鱼蒸3~4分钟。

4. 将鱼取出后沥净汤汁，浇上蒸鱼豉油。

5. 将油烧热，淋到鳕鱼上，装饰葱丝和红椒丝即可。

 TIPS

1. 银鳕鱼用柠檬腌渍可以去腥、增香。

2. 银鳕鱼肉质嫩滑，蒸食最佳，一定要掌控好火候，3~4分钟即可，不要时间过长，否则影响口感。

金枪鱼饭团

材料

金枪鱼罐头1听，培根2片，玉米粒2勺，蛋黄酱2勺，盐少许，洋葱末、黑胡椒碎各适量，米饭1碗，寿司海苔1张，橄榄油1/2勺

步骤

1. 锅烧热，放入橄榄油，将培根煎熟后盛出。

2. 用底油将洋葱末炒香，加入玉米粒翻炒，放入盐和黑胡椒碎炒匀。

3. 将煎好的培根切丁，同炒好的洋葱末、玉米粒放到料理碗中，将金枪鱼罐头的汤汁滗出，鱼肉放到料理碗中。

4. 加入蛋黄酱搅拌均匀，制成馅料。

5. 准备好米饭。

6. 保鲜膜垫在手上，将米饭捏成饼状，填入馅料，盖上米饭。

7. 捏成三角形，底部垫上裁成长方形的海苔，顶部点缀金枪鱼肉即可。

 TIPS

1. 如果有饭团模具会比较方便。
2. 可以将每份饭团的米饭称重，以保证大小均匀美观。